装修全能王

你问我答 Q&A

没有不知道的家装问题

理想·宅 编

U0348802

中国电力出版社
CHINA ELECTRIC POWER PRESS

内容提要

对于初次装修的业主说，装修中的大小问题令人头疼。业主往往花费了大量精力，结果却不尽如人意。本书针对这一现状，将装修中较为常见的问题进行归纳总结，采用一问一答的行文结构，一个标题解决一个实际问题，力求帮助读者在最短的时间内直观了解家居装修要点，快速攻克装修棘手难题。

图书在版编目（CIP）数据

装修全能王 ：你问我答，没有不知道的家装问题 ／
理想·宅编 . — 北京 ：中国电力出版社，2016.4
ISBN 978-7-5123-8558-0

Ⅰ．①装… Ⅱ．①理… Ⅲ．①住宅－室内装修－问题
解答 Ⅳ．① TU767-44

中国版本图书馆 CIP 数据核字（2015）第 277056 号

中国电力出版社出版发行

北京市东城区北京站西街19号　　　100005　　http://www.cepp.sgcc.com.cn
责任编辑：曹 巍　　责任印制：蔺义舟　　责任校对：常燕昆
北京盛通印刷股份有限公司印刷·各地新华书店经售
2016年4月第1版·第1次印刷
700mm×1000mm 1/16·15.25印张·340千字

定价：46.00元

前言

　　家庭装修对于大多数业主来说是一件快乐并痛苦的事情，即将入住新房的感觉总是让人兴奋不已，而装修过程中各种的烦心事却大大减弱了这种喜悦之情。家庭装修之所以令人感到劳神费力，重要的原因是，对于初次装修的业主来说，面对装修中大大小小的问题不甚清楚，手忙脚乱的结果就是装修过程花费了大量精力，而装修结果却不尽如人意。

　　本书将家庭装修中的棘手问题做了归纳总结，根据房产知识、省钱妙招、选材技巧、施工工艺、家装设计、配饰布置划分为 6 个章节，并精选出较为常见的 701 个装修问题，采用一问一答的行文结构，一个标题解决一个实际问题，使读者能够快速翻阅查找，从而在最短的时间内直观地了解家居装修的要点。

　　知识面广、内容实用、可参考性强是本书的最大特点，希望本书能够为广大准备装修的业主，在实际装修过程中提供一个可以参考的装修依据。

　　参与本书编写的有杨柳、卫白鸽、赵利平、黄肖、邓毅丰、董菲、刘向宇、王广洋、李峰、武宏达、张娟、安平、张亮、赵强、叶萍、王伟、李玲、张建、谢永亮等人。

前言

Chapter 1 没有不知道的房产知识

目录

Chapter 2　没有不知道的省钱妙招

目录

Chapter 3 没有不知道的选材技巧

目录

Chapter 4　没有不知道的施工工艺

Chapter 5　没有不知道的家装设计

Chapter 6　没有不知道的配饰布置

Chapter 1

没有不知道的房产知识

选房常识篇

 哪些性质的房子不能买？

①**联合开发房**。由有钱无地的房地产开发商出钱，由有地无钱的企事业单位出地联合开发的房地产项目。建成后，开发商将自己分得的那部分房产面向社会出售。但按国家规定，这类房在未履行政府审批手续、补交相应的价款和办理相关国土手续前，不得作为商品房出售。

②**公益联建房**。由地方政府或本系统、本单位组织领导，市民自愿参加组成的住房"合作社"，为解决"社员"住房困难而进行的合作建房项目。当这类新建房有一定剩余时，向社会出售。由于这类房屋具有公益性质，享有不少优惠政策，所以按国家政策规定，也不能作为商品房出售，一旦购买，日后将难以进入三级市场。

③**集资合建房**。由房地产开发商与市郊城镇及村民以集资建房、联合开发，或小城镇建设等为名，利用村集体的土地在城郊进行房地产开发项目。需强调指出的是，此类房大都没有办理土地出让手续，也未办理土地征用手续，这类房屋买卖行为肯定是无效的。

④**非法开发商**。一些未经批准，不具有房地产开发资格的单位，通过非正常渠道谋得土地而进行的房产开发，由于其没有房地产开发资格，因而也就无法办理土地征用手续，没交纳土地出让金，贪图低价购买这类房的风险极大。

⑤**限制权利房**。是指司法机关和行政机关已依法裁定、查封或以其他形式限制房地产权利的房子。一些购房者贪图便宜，采用私下交易的方式买房，由于难以掌握卖方真实情况，结果往往上当，叫苦不迭。

⑥**郊区联建房**。开发商为降低商品房建设成本，在市郊低价征地开发形成的商品房，这对购房资金短缺的居民来说，本应是较好的选择，但由于个别开发商项目开发不规范，且管理不到位，社区环境极差，设施严重缺乏，交通极其不便，却通过虚假广告，打着"低价"的幌子蒙骗购房者，这种"低价"和"便宜"，购房者是不应去捡的。

 选房时，需要注意哪些问题？

①**房顶是否漏水，墙面是否渗水**。由于电线大多安装在墙体内，如果墙体潮湿，就很容易引起墙体导电，非常危险。

 最好选择雨天去看房，这样更容易看到雨水是否渗漏。除了看房顶是否漏水外，还要看一看地板是否漏水。另外，不要只看厅堂，同时要看一下厨房和卫浴的水龙头是否漏水，下水道是否堵塞。

②注意房屋的整体情况。比如墙体是否隔热，隔声效果是否良好，下水管道是否在室内，通风、采光状况是否良好。

③检查墙上和墙角是否有裂缝。注意看一下吊顶是否有泥土脱落、是否平展，查看墙壁是否隐藏着竖向裂纹。

④看房屋楼层之间的高度。如果吊顶过低，会令人感到压抑，同时还严重影响采光。此外，楼下的住户也很容易就能听到自己搬动家具时的嘈杂声。

⑤检查房屋的装修情况。要看一下房子的装修，比如看一下墙体是否会散发出刺激性气味，是否容易脱灰，地板或地砖铺得是否平整，插座和电线是否为次品或不合格产品，电气线路的安装是否符合相关规范。

⑥看小区的外部设施。看小区环境及生活配套设施是否与合同、广告所说一样，是否已经完善齐备。比如电梯数量是否和小区住户数量相匹配以及小区停车位是否够用等。

⑦看附近周边的衣食住行。如房屋周边交通条件、商业配套设施、教育、医疗设施是否齐备以及距离的远近和规模的大小等。

③ 怎样判定房产的性价比？

序号	概述
1	区域需求旺盛的小区其房价较高，但同时性价比也会高于偏远地段小区。由于需求旺盛的区域通常先开发，越开发该区域的地块就越少，直到开发后期，该区域的地块会变得稀缺，而土地稀缺性足以支撑一个区域房产的快速增值。另外，需求旺盛的区域和其他区域相比，在租赁回报方面也具有优势
2	在将要买房或卖房的区域中，找几家和将要买卖的房产相同或相近档次的房产，并做出一个平均价格。在小区配套项目、物业服务水平、容积率等方面情况相近的情况下，价格稍低的房产性价比高一些。价格一致的情况下小区配套项目完善、物业服务水平高、容积率低的项目性价比要高一些
3	千万不要小看房产周边的好学校为房产带来的性价比优势。现在家长越来越关心孩子的教育，学区房的价格屡创新高
4	城市的规划方向也是在判定房产的性价比时要考虑的重要因素

④ 如何看沙盘？应注意哪些问题？

①确认朝向。分清哪些户型是南北朝向，哪些户型是东西朝向。户型的朝向关系到所购房产的采光和通风等一系列关键问题。

②开盘区域。现在的房地产大都是分期开发，问清开盘的具体区域可以缩小购房者的挑

选范围，并在总揽全局后，方便具体关注意向购买的房产位置以及邻近区域的规划情况。

③**确定比例**。确定沙盘是否按照实际规划比例制作，这是看沙盘一个非常重要的环节。得到肯定的答案后，可观察沙盘所显示出的楼间距和小区内的道路布置等基本情况。需要注意的是，一般沙盘都会把楼间距做得比实际比例大一些。

④**确定未标注建筑物的具体性质**。在沙盘中会出现一些小方块之类的摆设，有可能是垃圾房、变电箱、中控室等设施，购房者可根据实际情况选择购买远离或是邻近这些设施的房产。

⑤**周边道路**。了解沙盘中所显示的小区周边道路是否存在、道路的建设进度以及具体开通时间，这对今后的出行便利度至关重要。

⑥**人车分流**。要再次确认小区内部是否有人车分流的规划，虽然能够完全做到人车分流的并不多，但起码要让老人和孩子有散步和玩耍的安全空间。

⑦**绿化问题**。沙盘好看的原因是因为有大面积绿化，但购房者一定要问清沙盘中绿化的建设和实际建设是否一致。

⑧**车位问题**。关注沙盘上的停车场和地下车库的具体位置。问清楚车位与户数之间的比例，在得到停车场位置不会变动的承诺后，可根据实际需要选择购买邻近或远离停车场的房产。

⑤ 如何规避房地产商的促销陷阱？

①**算出房子实际的单位价格**。比如一个楼盘开盘时单价是 20000 元，开发商为每个前期登记的意向购房者发放一张贵宾卡，并承诺持贵宾卡购房可在先打九二折的基础上再优惠 10000元。假如要购买一套 100 平方米的两居室，那么就可以算出房子打折前的总价应是 200 万元，而折扣总价是 200 万元 ×92% － 10000 元 =183（万元）。所以，购买这套商品房的实际单位价格为 183 万元 ÷100 平方米 =18300（元）。

> ☞ 在得出单位价格后，应作两项对比：①在相同或是相近区域中对比一下同档次商品房的价格，以确定该房产项目是否具有价格优势；②在相同或是相近区域中对比一下同价格商品房的档次，以确定该项目有没有居住条件优势。

②**确认交易的合法性**。在购房时一定要注意查看开发商是否具有"五证"和"两书"，只有拥有"五证"和"两书"的房产项目才是合法的。

③**审查房产质量**。在购房时应明确要求开发商承诺该住房可达到国家公布的精装修住宅装修的质量标准，并将其承诺逐条、详细地写入购房合同中，为日后产生分歧时提供索赔依据。

正式楼房与样板间有什么区别？

①样板间的**视觉效果好**。样板间主要是以展示促销为目的，为保证其整体视觉效果，在材料使用上会力求尽善尽美。另外，样板间里的家具和厨卫设备也非常高档。所以，样板间的装修费用非常高，这样的装修费用是绝大多数购房者难以承受的，因此购房者所选购的房子和样板间的差距会很大。

②样板间**不设置门**。大多数样板间只有门套而没有门，样板间门窗的位置、大小和实际的房屋会有较大出入。

③样板间**不涉及管道和管线的排布**。出于完善装修效果的考虑，样板间通常不会设置水、煤气、暖气等管道线路。因此样板间的居室，尤其是厨房、卫浴间会显得非常宽敞明亮。另外，样板间由于不用考虑上水和下水，自然不会出现粗大的下水管和暖气管线。但是购房者所买的现房却存在各种管道，因此也就没那么宽敞明亮。

④样板间的**照明效果好**。样板间在装修的过程中会采用强光以及周围壁板的反光效果、吊顶的穹宇效果以增加房屋的空间感。有一些样板间还选用专门定做的较小、较低，但却非常和谐配套的家具来强化空间利用的整体效果，但这些装修效果是一般装修的房子无法达到的。

 选择高层住宅好还是多层住宅好？

	高层住宅	多层住宅
得房率	得房率较低，但因为有电梯，平时出入比较方便	得房率较高，但因为没有电梯，有的楼层平时出入不是很方便。家里有老人的家庭最好不要购买多层住宅
综合安全因素	电梯本身存在很多不安全、不确定的因素。随着楼龄不断增长，维修成本也会不断增加，从长远来看，相关物业费会成为家庭不可避免的负担	多层住宅的综合安全因素较高，在日常花费上，相较高层住宅也较为低廉
整体规划	小区环境规划较好。另外，高层住宅基本上都是框架结构，装修时有些墙体可以打掉	多层住宅在整体规划上不如高层住宅，墙体处理上也没有高层住宅那么随意

好户型的标准是什么？

类别	内容
整体利用率高	如果家里人口较多，买的面积又不大，最好要选择方正户型。这样才会让实际居住环境最大化
合理布置	在玄关处可以设置遮挡物，增加空间的层次；卧室门最好不要对着客厅，以保证私密性；主卧最好靠着厨房和卫浴间，动静相宜
房屋朝南	客厅、卧室考虑朝向。不管是大户型，还是小户型，客厅最好是朝南，因为朝南的房屋采光好
通风	南北通透的房子居住舒适，高层（6层以上）全向朝南户型也值得考虑。贯穿客厅南北有窗户，能够保证空气对流
避免走道	走道是对住房资源的浪费。很多房子的走道都很窄，不能用来放东西，只能用来行走。不过如果资金充足，又喜欢在走道上放置东西的话，可以适当加宽走道

⑨ 怎样判断房屋采光的好坏？

①被夹在中间的房子采光不是最好的。如果房子是 I 形或边间的，其采光性良好。如果整栋房子大多是长方形格局，夹在中间的房子只有前面的房间采光还好，后面房间会变成暗间。

②格局差的房子采光就差。房子的采光和通风与房子的格局有着密切的关系。买房时一定要看格局是不是四平八稳的房子，以及有没有缺角。

③窗户小的房子采光差，通风也差。一套好房子客厅的采光面至少要有 3 米宽，卧室的采光面至少要有 2 米宽。一些采光不好的房子，虽然主卧室也有窗户，但是采光面却只有 1 米宽，其他卧室的窗子更小，根本起不到采光的作用。

⑩ 怎样评估房屋的抗震性能？

①钢筋混凝土结构住宅。钢筋混凝土框架结构住宅是以柱、墙、盖为骨架的住宅，在烈度为 9 度以下的地震时，其抗震性能良好。但如果里面的隔断和围墙是用砖砌成，则在经历烈度为 7～8 度的地震时就可能会出现裂缝，对人和室内设备造成毁坏。

②木结构住宅。通常由木骨架承重，砖瓦、石、泥、坯等墙体只起围护作用，稳定性较差，经历烈度 6～7 度的地震就很容易倒塌。所以这类房屋的住户在地震时要特别注意墙倒砸人。

③砖混结构住宅。由砖墙支撑和现浇、预制钢筋混凝土板盖成的住宅。由于建材质量和

施工质量不同，不同住宅的抗震性能悬殊。砖的抗压性强，但韧性较差，遇到烈度6～7度的地震时就会局部开裂和散落，8度地震时裂缝会更大，稳定性差的住宅会倒塌。如果施工质量较好，则只有在10度地震时房屋才会被严重破坏或倒塌。通常这种结构的房屋容易发生墙体破坏的部位和构件有：檐口瓦、屋顶的烟囱、山墙、楼梯间单位和构件、卫浴间、小厨房等。

房产交易篇

11 买房一般的流程是什么？

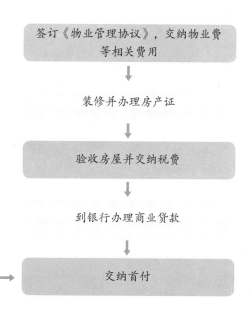

核算家庭经济总收入，确定自己所要购买的房子的大概价格

↓

根据自己的实际情况选择适合自己的楼盘、户型，包括具体的面积

↓

实地看房，这时要认真验看开发商的"五证二书"

↓

认购，实地看房觉得房子没有问题后就要交纳定金，签订认购书

↓

签订购房合同以及补充协议　→　交纳首付

↑

到银行办理商业贷款

↑

验收房屋并交纳税费

↑

装修并办理房产证

↑

签订《物业管理协议》，交纳物业费等相关费用

12 买卖双方所签订的认购书的主要内容包括哪些方面？

①**买卖双方的信息**。卖方，即发展商名称、地址、电话；销售代理方名称、地址和电话；买房，认购方名称或姓名、地址、电话、身份证件种类、代理人名称、地址和电话。

②**认购物业**。认购物业的楼层、户型、房号和面积。认购方委托代理人代为办理签约手续的，代理人需出示认购方亲自授权的委托书并携带本人身份证方可替认购方代办各种手续。

③**价格**。房价、户型、面积、单位价格（币种）和总价。

④**付款方式**。一次付款、分期付款和按揭付款。

⑤认购条件。签订认购书应注意的事项、定金、签订正式契约的时间、付款地点、账户、签约地点等。

 签完认购书后，还需要签订合同吗？

购房者在售楼处签订认购书后，应在规定的时间内到售楼处签订正式买卖合同。合同规定买卖双方的权利和义务。每个购房人花巨资购买房产，都要对合同的每一条进行审查和询问。在订立商品房买卖合同之前，房地产开发企业还应当向买受人明示《商品房销售管理办法》和《商品房买卖合同示范文本》；对示范文本的补充部分要格外重视。

 定金和订金在法律上性质分别是什么？

类别	内容
定金	指在订立房屋买卖合同时，为了保证合同的正常履行，由购房者先行向开发商交纳部分款项，等到合同履行之后，定金应当退回给购房者或是充当房款。购房者如果不履行合同就无权取回定金，开发商如果不履行合同，则应当双倍返还定金。定金应当以书面形式约定，而且定金的数额不能超过合同标的额的20%
订金	指购房者与开发商就房屋买卖的意向达成初步协议后，准备进一步协商所签订的临时认购协议中所约定的落订款项。购房者支付订金之后，在约定的时间内，卖方不得再将房屋出售给其他人。订金对合同没有担保作用，就是违反合同也不会遭受惩罚，它可以全额退还给购房者

 套内、建筑面积售房的内容分别是什么？有何异同？

类别	内容
套内建筑面积售房	以套内建筑面积为交易面积，按套内建筑面积计算房价，将其应分摊的公用建筑面积的建设费用计入套内建筑面积销售单价内，不再另行计价。同时在购房合同中记载该商品房项目的总公用建筑面积及本单元或整层应分摊的公用建筑面积，其权属于各产权主共同所有，任何单位和个人不得独自占用

类别	内容
建筑面积售房	以套内建筑面积与分摊公用建筑面积之和作为交易面积，按建筑面积计算房价。由于分摊的公用建筑面积的存在，使售房面积复杂化、专业化，非房产测绘专业技术人员无法弄清"分摊的公用建筑面积"的合理性和准确性，购房者不能直观了解自己究竟购买了多大的房屋

备注：套内建筑面积售房与建筑面积售房相比，前者只是少了分摊的公用建筑面积，而应分摊的公用建筑面积建设费用计入套内建筑面积销售单价内，因此房屋交易总价不变，但售房面积更明确、具体、直观。两者对分摊的公用建筑面积享有同等的权益

 开发商逾期交付房屋怎么办？

逾期交房是商品房交易中的一个突出问题。为了避免承担违约责任，开发商常在购房合同的免责条款中写入"除不可抗力因素外，应于某年某月某日前交房"字样。为此，购房者可以要求开发商在补充协议或补充条款中把施工过程中可能遇到的异常困难及重大技术问题和不能及时解决的情况列出来，以减少这个不可抗力的模糊程度，防止对方将来钻空子。

 委托中介买房的流程是什么？

先了解一下适合自己的选房地段

↓

认真核算出自己可以用于购房的资金量

↓

确定全款或是贷款的购房方式

↓

根据自己或是家庭的实际需要去确定所购住房的种类

↓

对中介公司说明所购住房的使用面积 → 提出对房产朝向、户型格局的要求

↑

限定购房的最高价位

↑

告诉中介自己合适的看房时间

↑

询问中介服务费的收取比例

↑

适当砍价，在购房前把中介费的比例确定下来

18 新房入住手续应该怎样办理？

填写房款结算单

⬇

在开发商负有延期交房等违约责任时要填写违约金结算单

⬇

以房款结算单和违约金结算单作为依据对相关费用进行审核、结算

⬇

如果有需要，可以到产权代办公司签署代办协议、提供代办文件、缴纳代办费用

⬇

领取《房屋质量保证书》和《房屋使用说明书》

⬇

签订物业协议、供暖协议、停车位使用协议，填写业主登记表 ➡

交纳物业费、供暖费、车位使用费

⬆

交纳契税、公共维修基金等费用

⬆

领取水卡、电卡

⬆

由工程部人员陪同验房

⬆

领取单元门卡、车位钥匙、房间钥匙

👉 应该尽量在验房之后再办理入住手续；要注意审查住宅质量说明书、住宅质量保证书、房屋面积实测表、竣工备案表等文件，如果开发商不能提供，则可以拒绝收房；注意审查自己交纳的费用，比如说物业费不能一次收取一年以上的费用。

19 何时办理产权过户和领取产权证？

买房后应及时到房屋主管部门申请产权转移过户登记；房屋买卖当事人签订的商品房预、出售合同或房屋买卖合同依法生效后30日内双方应到房地产产权登记部门办理房地产产权证。

👉 买进的房产，只有在进行了合法的产权登记，并取得《房屋所有权证》（房屋产权证明文件）后，房主对房屋的所有权及其他权利才会得到法律保护。

产权证办理的基本程序是什么？

①买卖双方至产权登记部门，上交办理产权证的相关资料：

类别	内容
商品房	个人身份证、房屋登记申请表、购房证明书刊号、商品房购销合同书（或预售合同书）、房屋分户平面图、交款发票、交易监证文书
拆迁安置房	个人身份证、房屋登记表、房屋拆迁安置补偿结算单、房屋分户平面图、交款发票
单位新建房	法人资格证明（法人代码证明或营业执照、房屋登记申请表、建设项目批文、征地批文或用地许可证、征地红线图、建设许可证、建筑红线图、建设设计防火审核意见书、竣工平面图、房屋总平面图、房屋分层平面图、竣工验收报告）
个人新建房屋	个人身份证、房屋登记申请表、建筑许可证、建筑红线图、建设设计防火审核意见书

②申请人上交资料后，房屋产权登记部门会开出收件收据，注明领证日期。领证日期一般距交件日期10天至3个月左右。

③产权登记部门将对所收资料进行审核，如发现申请人所交资料存在不全等特殊情况，就会按房屋登记申请表上申请人电话通知申请人，并顺延办证时间。

㉑ 怎样辨别房产证的真伪？

	真房产证	假房产证
封皮	用的是进口涂塑纸，封面的上部印有中华人民共和国国徽，下部第一行字"中华人民共和国"是用圆体字印制，第二行字"房屋所有权证"是黑体字印制，整体为金黄色。另外，封皮硬实有纹理，摸起来有凹凸感，颜色鲜艳（深红色），字体纹理清晰醒目	封皮很光滑，颜色暗淡（暗红色），封皮比较软
纸张	内页纸张为浅粉色的印钞纸，有类似于人民币的水印制作，图案为别墅、大厦两种，只有在灯光下才能看出来；真房产证的纸张光洁、挺实，用手轻抖有哗啦啦的响声	假房产证的水印模糊不清；纸张手感稀松、柔软

	真房产证	假房产证
防伪底纹	底纹有浮雕文字"房屋所有权证"字样，立体感强，字迹清晰，容易识别	很难做到颜色深浅协调
发证机关章	第一页上盖的章是机器套红印制的"××市房产管理局"行政公章，印记清晰、干净、印色均匀	通常加盖的是手工雕刻公章，因为纸张较薄，在其反面很容易看到透过来的印章痕迹
建房注册号	封皮反面下方的建房注册号为机器印制，呈线状，手摸起来有凹凸感	建房注册号为手工雕刻章加盖，摸起来没有凹凸感
缝制	内页都缝合得很整齐	内页是用胶水粘上去的，缝线也很明显
附记	第三页"附记"一栏中内容包括产权来源和分摊面积等	"附记"有些为空白
图纸	房屋分户图纸是专用纸，纸张较厚	图纸很薄，类似一般的A4纸的厚度

购房合同篇

 签订合同时需要注意哪些细节问题？

①购房合同的各项内容要尽可能全面、详细。各项规定之间要避免与国家的政策法规相冲突；文字表述要清晰、准确；签订合同的买卖双方的身份和责任要明确。合同中的甲方（卖方）不能是代理商或律师楼，而应是项目立项批准文件的投资建设单位。签字人是法人代表本人，或公司章程上授权的主要负责人。

②合同上的项目名称，要与项目位置联系在一起，以免日后有出入。标明项目位置时，一定要具体、明确，房屋的户型、面积一定要标示清楚，建筑面积、使用面积及公用面积的分摊原则等要明确说明。

③房屋的档次和装修标准一般采用附件形式附在购房合同之后，这一内容的表述一定要详细、具体。如技术的等级、材料的品牌、内部设施的种类、负荷标准、供应能力等要一一予以说明。水、暖、电、通信等设施要说明安装到什么程度。

④其他如付款方式、产权保证等都应详细、具体地加以说明。合同中一定要确定物业管理单位的产生办法或具体的物业管理单位以及物业管理的收费标准，并对房屋的整体结构、各部位配套设施及其部件的保修期给予明确规定。

⑤违约责任的约定一定要双方对等。购买者签订销售合同时，要看清合同要求，避免吃亏。

㉓ 补充协议的各条款如何签？

一般来说，补充协议是在签完合同或者认购书之后，由双方商议拟订一些条款，然后打印成的正式文本。开发商是不会提出任何对自己不利的条款的，因此购房者必须自己知道添加哪些条款、拒绝哪些对自己不利的条款。建议在签订补充协议时，最好与开发商就以下事项进行约定：

①写明情况。应该在补充协议中写明："本补充条款的内容，如与法规政策抵触的，一律以法规政策为准。"

②对批文的真实性负责。要让开发商对其主体资格及相应批准文件的真实性作出承诺，如果有作假的情况，按违约处理，买受人有权提出退房，出卖人退还所有已交房款（包括定金），并且支付违约金。

③明确土地使用情况。要让开发商对所售物业及其相应土地面积未设定抵押、留置权作出承诺。购房者要求开发商证实土地使用权是否抵押、出租、转让等情况。如其不能如实拿出有关证明或尚未处理好，则应当慎重。

④添加补充协议的内容。要把售楼书或广告承诺写进补充协议，购房者在同发展商签订《购房合同》时，最好将发展商的相关宣传材料或承诺材料中做出的许多诱人条件，如房屋使用率、公共配套设施的设置及建成时间、附带赠送等，作为补充协议的附件加以确认将其变成购房合同的一个重要组成部分。倘若交付的房屋不符合上述承诺中的要求时，购房者可根据合同中的有关违约条款追究开发商的责任。

⑤确定产权证取得时间。要在合同中明确提出产权证发放的准确时间。目前由于各方面的因素，产权证发放比较慢，但也应注明一个合适的日期。发展商不能无限期地拖发产权证。

⑥付款方式的确定。如购房人选择按揭贷款，则应约定如按揭不成，购房人采取的付款方式及具体处理方法，例如写明：若非因买受人主观原因造成不能贷款，出卖人应返还所有已付房款（包括定金）。

⑦补充法律内容。要补充一些合同文本中未提及的税务和权利问题。

⑧补充修改的事项。添加一些与正式契约不一致的合同变更、解除条件及其他当事人双方认为应当约定的事项。

24 开发商不让签订补充条款怎么办？

商品房买卖合同应是买卖双方平等自愿订立的合同，对于开发商不同意购房者在合同中签订补充条款的行为，购房者完全可以不购买其开发的房屋。但因为有些购房者在交纳定金时，未与开发商在认购书中作出"如因商品房买卖合同条款双方不能达成一致时，购房者有权退房，开发商应将定金全额退还"的约定，购房者在交纳定金后，开发商不同意购房者在合同中签订补充条款时，购房者往往比较被动。

建议购房者在交纳定金前，要求开发商出示商品房买卖合同文本，并与开发商协商修改条款或补充条款的事宜，在商品房买卖合同条款及其补充协议达成一致意见后再交定金，或者在交纳定金时在认购书中与开发商作出上述约定。

25 购房合同有哪些公证须知？

因为一些购房合同需要公证，所以购房者需要了解什么是公证，哪些合同需要公证，如何进行公证以及公证所需的有关资料和费用。所谓公证，是指国家公证机关根据当事人的申请，依据法定程序对其法律行为，或有法律意义的文书和事实，确认其真实性和合法性的一种证明活动。其目的是保护有关当事人的权利和合法利益，尽可能地避免纠纷，减少诉讼。

全国各地对所需公证的合同规定不一，就深圳、北京、上海、广州而言，外销商品房的购房合同必须经公证机构办理公证。普通商品房只有当买卖双方觉得有必要时，才需要进行公证。

26 合同签订后，房屋就属于买方了吗？

根据国家相关法律规定，买卖合同签订后，买方此时并没有拥有房屋的所有权，因此房屋还不属于买方。根据我国《物权法》的规定，房屋买卖如果没有在房产登记的主管机关进行登记，买方就不能取得房屋的所有权。如果没有进行登记，就算是已经结清钱款，但在法律上房屋还是属于卖方所有。因此，房屋买卖只有依法进行登记，房屋的所有权才能真正归买方所有。

27 签订期房合同需要注意什么？

①开工日期。期房合同要明确规定楼盘的开工日期，否则开发商可能会长时间地不开工。同样，如果不约定好开工日期，工程进度和竣工日期也都无从谈起。

②工作日。期房合同要约定好具体的工作日，这里所说的工作日是指扣除无法工作的假日、周六日、雨天、变更设计未获批准前的工作日数。

③完工日。要在合同中明确约定工程竣工、各种资质手续完毕的具体时间。

④延误工期。在工作日约定的范围内，不是因为不可抗力因素，而是因人为的原因而延误工期，应该写清楚需要支付的违约金。

⑤缴款时间。购房者可要求在合同上两次缴款期间最短的时间间隔。

⑥合同事宜。购房者可在合同上写明，开发商延误工期，在什么情况下可不付预付进度款。

⑦建材。有的开发商为了打价格战，经常会在建材上以次充好。因此，在期房合同上一定要对门窗工程、卫浴工程、厨房工程、地面以及墙身工程的建材的型号、规格、厂家作出详细的约定，并以此作为验收的依据。

税费常识篇

 28 新房入住时需要缴纳哪些费用？

①结算面积，退、补房屋尾款。房屋的实测面积和购房合同中所标注的面积会存在一些差异，应根据测绘部门出具的《面积实测表》对面积误差进行结算，如果面积减少，那么开发商则应按合同的具体约定将减少面积的房款退还给业主，反之亦然。

②契税。契税是以所有权发生转移变动的不动产为征税对象，向产权承受人征收的一种财产税；契税的缴纳费用与房产价格成正比，按照国家指定的具体标准收取，一般不存在纠纷。

 有些业主认为自己是拆迁户在办理入住手续时不用缴纳契税的想法是错误的。应该先缴税，然后凭拆迁协议到当地的税收部门办理退税。

③物业管理费。办理入住手续时，要先缴付一年的物业管理费。

④公共维修基金。公共维修基金的缴纳数额和房产价格成正比，按照国家规定的标准收取。

⑤**供暖费**。如果是在 6 月份后办理收房入住手续，在大多数的情况下会被要求先缴纳一个供暖季度的供暖费用。具体的费用是每平方米的供暖费用乘以房屋面积。

⑥**其他相关费用**。如果在入住时现场办理专用停车位，可能还会收取停车费。此外，还有可能会收取装修保证金、车位地锁、门卡等押金。

 契税的缴纳比例如何计算？

①对个人购买家庭唯一住房（家庭成员范围包括购房人、配偶以及未成年子女，下同），面积为 90 平方米及以下的，减按 1% 的税率征收契税；面积为 90 平方米以上的，减按 1.5% 的税率征收契税。

②对个人购买家庭第二套改善性住房，面积为 90 平方米及以下的，减按 1% 的税率征收契税；面积为 90 平方米以上的，减按 2% 的税率征收契税（北京、上海、广州、深圳除外）。

家庭第二套改善性住房是指已拥有一套住房的家庭，购买的家庭第二套住房。

30 房产税如何计算？

房产税是一种以房屋为征税对象，按照房屋的计税余值或是出租房屋所得的租金收入作为计税的根本依据，向产权所有人征收的一种财产税，也就是向拥有房子的人征税。谁拥有的房子越多，谁向国家交的税也就越多。

依据	计算公式
以房产原值作为计税依据	应纳税额＝房产原值×（1－减扣率）×税率（1.2%）
以房产租金收入为计税依据	应纳税额＝房产租金收入×税率（12%）

备注：减除的比例将由各省在 10%~30% 的幅度内确定，当前各地试点出台的房产税征收办法在上述法规规定的基础上有所不同

31 印花税如何计算？

房地产交易中的印花税是指对房地产交易中书产、领受凭证征收的一种税。它是一种兼有行为性质的凭证税，具有征收面广、税赋轻、由纳税人自行购买并粘贴印花税票，完成纳税义务等特点。房地产交易中的印花税的课税对象是房地产交易中的各种凭证，根据《中华人民共和国印花税暂行条例》的规定，应缴纳印花税的凭证主要包括，房屋因买卖、继承、赠与

交换、分割等发生产权转移时所书立的产权转移书据就是其中的一大类。印花税应该由应纳税凭证的书立人或是领受人缴纳。具体来说，产权转移书据印花税由立据人缴纳，如果立据人没有缴纳或是少缴印花税，则书据的持有人应负责补缴。房屋产权转移书据印花税按照所载金额的 0.05% 缴纳，其应纳税额的计算公式是：应纳税额 = 计税金额 × 适用税率。

 公共维修基金该如何缴纳？

公共维修基金是指住宅楼房的公共部位和共用设施、设备公共的维修养护基金。这笔钱主要用来对物业保修期满后的楼房的公共部位和共用设施、设备进行维修（大中修）、养护以及更新和改造。按照相关法规的规定，楼房的公共部位是指住宅主体承重墙部位，包括基础、内外承重墙体、柱、梁、楼板、屋顶、户外墙面、门厅、楼梯间、走廊通道等。当业主将房子的所有权转让给他人时，剩余的维修基金是不退还的，它随着房屋所有权同时过户。

> 公共维修基金由购房者在购房时缴纳，北京市公共维修基金的缴纳标准为：多层住宅 100 元 / 平方米，高层全现浇结构住宅 150 元 / 平方米，高层框剪结构住宅 200 元 / 平方米。该基金由开发商代为收取，由房管局监管，所有权归购房人，不得挪作他用。

物业管理篇

 怎么选好物业公司？

①调查物业公司的口碑。在购买商品房之前，要先向开发商了解物业公司的一些基本情况，并到该物业公司管理的房产项目去看一看，了解一下该公司的口碑。

②尽量选择名牌物业。名牌物业大都经验丰富、重视信誉并且经营严谨、服务完善，并以为业主提供优质高效的服务为目标。虽然品牌物业的收费贵了一些，但绝对物超所值。

③看背景。通常有著名酒店管理背景的物业公司实力都比较强，而且专业人才储备充足，能够为业主提供良好的服务。

④品特色。有着独特的企业文化的物业公司是有优势的，这类公司通过多年的经验积累，形成了一套独特的处理问题的方法并形成了自己的品牌特点。这样的公司运作规范，在为业主提供优良服务的同时，还能不断地完善自己。

前期物业合同怎样签订？

所谓的前期物业合同，具体是指业主在购买房子时与开发商签订的有关物业管理的合同，内容为业主委托开发商选择物业公司对小区进行管理。但是，现在很多开发商在交房的时候，都会要求业主签订由其单方面制定的前期物业合同后才能办理入住手续，很多业主因为急于收房，一般都不会仔细阅读协议就签字，其实这样的做法是错误的。这样做可能会引起很多麻烦，所以购房者在签订前期物业合同时，一定要对合同各方面的相关细节认真考虑。如果开发商出具的合同文本明显有失公平，那么业主也有权拒签，并向相关部门申诉。

 物业管理的专项服务内容有哪些？

①经纪人代理中介服务。主要包括物业市场营销与租赁，具体来说就是物业管理公司受业主的委托，根据市场的实际情况，评估和调整租金，制订出租方案，寻找租户，替业主将物业出租。另外还有其他中介代理，即物业管理公司接受业主委托，进行其他中介代理工作，如请家教、请保姆等。

②日常生活服务。主要包括接送小孩上学、入托；为住户保管车辆以及车辆的保养、清洗与维修等；文化、体育、教育、卫生等活动各类相关设施的建立与管理。

③商业服务类。比如开办小型商场、饮食店、美发厅等；安装、维护、修理各种家用电器和生活用品等。

 物业人员在紧急情况下是否有权破窗而入？

根据国家相关法律法规的规定，物业管理人员在紧急情况下，为了使他人或是本人的人身或财产或是公共利益免遭正在发生的、实际存在的危险，是有权破窗而入的，也就是有权作出损害他人财产的行为。物业人员这样的行为具有合理性，是不用承担民事责任的。但是如果承受损失的人也没有过错的话，其有权要求受益人适当作出赔偿。

 住宅小区的物业管理费单价怎么计算？

住宅小区占地面积比较大，涉及的业务范围比较广，所以大多采取开放式管理，其管理费支出主要包括：车辆交通管理费、清洁费、绿化维护保养费、治安管理费、公共蓄水池定期清理费、公共水电支出费、排污设施管理费、员工薪金、保险、税金以及合理利润等。住宅小区物业费单价的计算方法和公寓楼是一样的，其管理费的主要征收方式是按单元征收和按面积征收两种。

未签订物业服务合同，业主能否拒交物业服务费？

我国的《合同法》规定，当事人订立的合同有书面形式、口头形式和其他形式。《物业管理条例》也规定，业主委员会应当和业主大会选聘的物业管理公司签订书面的物业服务合同。同时，《合同法》又规定，当事人没有采用书面形式订立合同，但是一方已经履行了主要的义务并且对方已经接受的，该合同即为成立。也就是说，没有签订书面的物业合同并不必然导致合同关系不成立。只要物业公司提供了服务，而业主又接受了这些服务，那么业主就不能以没有签订书面合同为由，拒绝承担物业服务费。

 买房未入住，也要交纳物业费吗？

根据我国相关法律法规的规定，只要房主收了房屋的钥匙，那么该房屋就已经算是交付给业主使用了。这样一来，业主自然需要交纳物业管理费。再者，物业管理费的构成是由国家统一规定的，并不以房主是否入住作为收取物业管理费的标准。房主是否入住，完全是自己的选择，这不能作为拒交物业费的依据。

 物业收费中会有哪些不合理之处？

①不执行国家规定的价格。一些小区的物业所收取的水、电、暖气、煤气等费用不执行国家统一的或是相关地方的价格管理办法，擅自涨价。

②自立名目收费。比如擅自收取"装修管理费"，业主在装修时每户需要交纳150元的管理费等。

③超过规定标准收费。有的物业公司会擅自提高小区的物业管理费。

④改变收费方法，变相多收费。有的物业公司在住户办理入住手续时，会借机向业主多收费。例如，本来应该是以户为单位收取保安费、保洁费，却改为按面积收取；规定按年收取的物业管理费，却一次性收取5年或是10年的。

 公共区域内的照明费用谁来负担？

住宅小区公共区域的照明通常是指居民楼里的楼梯、电梯、门厅、走廊等地方的照明，这些地方的照明费按照国家相关法律法规的规定，是应该由受益人来承担的，也就是由小区的住户来共同承担。通常的惯例是，按单元分摊费用，而物业管理费中并不包含小区公共区域的照明费。

42 物业公司与业主的维修责任如何划分？

序号	概述
1	业主作为物业的所有权人，应该对自己所拥有的房产承担维修养护责任。因此，房屋的室内部分，也就是户门以内的部位和设备，包括水、电、气、户表以内的管线和自用阳台，都由业主负责维修
2	房屋的共用部位和共用设施、设备，包括房屋的外墙面、通道、楼梯间、屋面、上下水管道、公用水箱、电梯、加压水泵、机电设备、公用天线和消防设施等房屋主体共用设施，由物业管理公司组织定期养护和维修
3	住宅小区内的水、电、煤气、通信等管线的维修养护，由有关供水、供电、供气以及通信单位负责，维修养护费由相关业务单位支付。但是物业管理公司与有关业务单位有特别约定的，应按照双方的约定来确定维修责任
4	房主可以自行维修养护房屋的自用部分和自用设备，也可以委托物业公司或其他专业维修人员来维修养护，但是需要承担一定的费用。由于业主拒不执行维修责任，从而导致房屋及其附属设施已经或者可能危害相邻房屋安全以及公共安全，造成损失的，业主应当赔偿损失。另外，人为造成小区公用设施损坏的，由损坏者负责修复，造成损失的，应当赔偿损失

43 住户装修时是否应交纳装修押金？

如果在购房时就相关内容和物业管理企业做过约定，而且该约定中也允许物业管理企业在装修房屋时事先收取一定数额的装修押金，那么就应该按照约定交纳这笔钱。需要注意的是，等到装修完成，物业管理企业验收合格后，这笔装修押金就应如数退还。

> 收取装修押金是为了防止有些业主在装修新房的过程中，因为过度装修而破坏了房屋主体结构，从而影响整栋建筑物的安全和抗震能力的现象发生。业主在装修时必须向物业管理企业提出申请，装修方案经物业管理人员批准后才可以施工，而且还必须与物业管理企业签订装修管理协议，明确装修的内容、时间、垃圾处理方式以及违约责任的承担等内容。

44 业主可以"辞退"物业公司吗？

按照国家的相关规定，业主如果对物业管理公司的服务不满意，可以"辞退"物业公司。

装修全能王——你问我答，没有不知道的家装问题

但是业主应该提前 3 个月把这个决定告知物业管理公司。具体的程序是：当前期物业服务合同期限将满时，业主委员会应该及时召开业主大会，决定是否和物业续约。如果决定不再续约，要提前 3 个月书面通知物业公司。物业公司接到通知后，需要做好交接准备。同样，前期物业服务合同期限将满之时，物业管理公司如果决定不再续约，也应当在合同期限届满前 3 个月书面通知业主大会，业主大会则应该及时依法选聘新的物业管理企业。物业管理公司告知业主大会的日期距合同期满不足 3 个月的，应自告知之日起 3 个月后才可以撤离物业管理区域，不能提前撒手不管。

45 业主遭遇物业公司乱收费该如何处理？

当业主发现自己"被宰"（物业公司乱收费）时，应该依靠业主委员会和物业管理公司进行协商，在充分了解情况的基础上寻求合理的解决办法。当发现物业管理公司确实存在弄虚作假、坑骗住户的行为时，在不影响居住区正常生活的情况下，要采取法律手段，首先向房屋行政主管部门反映真实的情况，取得主管部门的支持与帮助，争取协商解决有关的争议。如果没有办法协商解决，那就再通过法律的手段去解决。

房产维权篇

46 怎样防止开发商把房子另卖？

为了保护购房者的权利，我国《物权法》第 21 条第 1 款明确规定，购房者可以对所购买到的预售的房屋进行预告登记。进行预告登记后，预售房屋发生抵押、另行出售给第三人、强制执行等情况时，这些行为都不能生效。

> 进行预告登记后，债权消灭（比如解除买卖合同）或是自能够进行不动产登记之日起 3 个月内未申请不动产登记的，预告登记失效。也就是说，如果购房者没有及时进行不动产登记，取得正式的房屋产权证，那么 3 个月后预告登记就会失去效力。

47 售楼广告宣传不实，开发商是否要承担违约责任？

根据最高人民法院《关于审理商品房买卖合同纠纷案件适用法律若干问题的解释》第 3 条的规定，商品房的销售广告和宣传资料为要约邀请，但是开发商就商品房开发范围内的房屋以及相关设施所作的说明和允诺的具体内容确定，并对商品房买卖合同的订立以及房屋价格的确定有重大影响的，应当被看作是要约。该说明和允诺就算没有被写入商品房买卖合同，也应当被看作是合同内容，当事人违反的，同样要承担违约责任。因此，如果售楼广告的宣传，尤其是某些具体的承诺与事实不符，开发商是要承担违约责任的。

 新房出现质量问题怎么办？

根据国家相关法律法规的规定，开发商在向购房者交付新房时，必须向购房者提供《住宅质量保证书》和《住宅使用说明书》。《住宅质量保证书》一方面保证该商品房的质量是合格的，另一方面也明确了开发商应对所售的商品房承担质量保修责任。这样一来，如果新房在保修期内发生了属于保修范围内的质量问题，那么开发商就应当履行保修义务，并对所造成的损失承担赔偿责任。如果开发商在规定时间内没有履行维修义务，那么购房者可以找第三人维修，由此所产生的维修费用和给业主造成的损失都应该开发商来承担。如果开发商具备相关文件，但是房子确实还是存在着质量问题，并且影响了房主的正常使用，那么房主有权拒绝收房，并要求开发商承担逾期交房的赔偿责任。如果开发商所交付的房子只存在一些小的质量问题，并不影响平时正常使用，那么房主就可以按照房屋保修规定，要求开发商进行维修，同时也可以要求开发商赔偿自己的损失。

 房子面积有误差怎么办？

如果购房者所购买的房子在验收时实际面积和合同所约定的面积不一样，购房合同对这类问题有约定，就按照合同的约定来处理。如果购房合同没有约定或约定不明确，则应按照以下原则处理：

绝对值期间百分比	内容
面积误差与绝对值之比在3%（含3%）以内	按照合同约定的价格根据实际情况结算，如果购房者请求解除合同，法院是不予支持的
面积的误差与绝对值之比超出了3%	购房者可以请求解除合同以及返还已付购房款及利息。如果购房者愿意继续履行合同，房屋实际面积大于约定面积的，面积误差比在3%（含3%）以内部分的房价款由买受人按照约定的价格补足。面积误差比超出3%部分的房价款由卖方承担，所有权归购房者。房屋实际面积小于合同面积的，面积误差比在3%以内（含3%）部分的房价款由卖方返还给购房者，面积误差比超出3%部分的房价款由卖方双倍返还给购房者

合同上没有约定的地下室，能否按实际面积计价？

  根据国家法律法规的规定，如果《商品房购买合同》上并没有规定商品房的地下室也按照实际面积计价，那么商品房的地下室是不能计价的，只能算是无偿赠送。

 公摊面积被开发商重复销售怎么办？

  开发商重复销售公摊面积的行为是不符合法律规定的，因为开发商在出卖房屋时已经将公摊面积出售给业主了，这个时候全体业主才是公摊面积的所有权人，而开发商已经不具备处分的资格。全体业主可以要求开发商将公摊面积恢复原状，甚至可以直接向法院起诉开发商。

 小区停车位可以卖给外人吗？

  根据我国《物权法》的相关规定，建筑区划内规划用于停放汽车的车位、车库应该首先满足小区业主的需要。其具体归属，由当事人通过出售、附赠或是出租的方式约定。占用业主共有的道路或是其他场地用于停放汽车的车位，属于业主共有。如果开发商在售楼时就已经和业主约定好：地下停车库的停车位是专供业主使用的，那么开发商就应该把地下的停车库交给业主大会或是业主委员会管理，不能自行再将其高价卖出或是出租给小区以外的人使用。

  如果业主真的遇到了这种情况，可以通过与业主委员会协商，再由业主委员会出面与开发商进行交涉，以此来维护业主的利益。

53 什么情况下买房人可以要求开发商双倍赔偿？

订立合同时	商品房买卖合同订立后
①开发商故意隐瞒所出售的房屋已经出售给了第三人或是该房为拆迁补偿安置房屋的事实 ②开发商故意隐瞒所售房屋已经抵押的事实 ③开发商故意隐瞒没有取得商品房预售许可证明的事实或者提供虚假商品房预售许可证明	①开发商在没有告知买受人的情况下，又将该房屋抵押给第三人 ②商品房买卖合同订立后，开发商又把该房屋卖给了第三人

房款已付清但是未办理过户，卖方能否收回房产？

有的购房者在购买房子时会遇到房款已经付清但未办理过户，这时卖方收回房产的情况，卖方这样做的话是不合理的，如果买方和卖方之间并不存在什么特殊约定的话，卖方是没有权利退还房款、终止合同并收回房子的。因为商品房买卖过程中的过户登记只是转移房屋所有权的一道必要的手续，不办理也不影响合同的成立和生效，只是影响买方对房屋所有权的取得。

 购房者是否可以转让未交付使用的期房？

我国的法律并没有禁止已经签订了《商品房预售合同》的预购人（购房者）转让自己所预购的商品房。但是，如果购房者和开发商在合同中事先约定了预售商品房转让的条件或是限制，那么则必须遵守合同的约定，否则就需要承担违约责任。

 哪些情况下，买主可以要求退房？

根据我国目前的法律规定和一些法院审判的实践来看，可以退房的条件主要包括约定条件和法定条件两种。

类别	内容
约定条件	指购房者与开发商在合同中所约定的可以退房的条件，比如说开发商延迟交房超过了一定期限，或是房屋交付后在一定时间内没有办法获得产权证
法定条件	根据现行法律的规定，购房者可以退房的条件，主要包括以下几方面。 ①面积误差和套型误差导致退房。其中，合同所约定的面积和产权登记面积的误差比绝对值超出3%时，购房者有权要求退房。另外，套型与设计图纸不一致或是相关尺寸超出约定的误差范围，合同对此又没有约定处理方式的，购房者可以退房 ②开发商擅自改变了房子的规划设计 ③购房合同无效 ④房屋质量不合格导致退房 ⑤没有办法办理贷款以及房屋没有相关权属证明

 支付了首付及部分按揭的房子能退掉吗？

已经支付了首付款以及部分按揭的房子是不能退掉的，只能与开发商和银行协商解决。

根据我国《合同法》的规定，依法成立的合同，合同的当事人应当按照约定履行自己的义务，不得擅自变更或是解除。购房者与开发商签订了房屋买卖合同，又与银行签订了按揭贷款合同，就应该按照约定履行自己的义务，否则就要承担违约责任。购房者如果想和开发商及银行解除合同，那就只能和他们友好协商，支付一定的违约金或是补偿金，或是看看开发商有没有违约行为。

 房屋登记被篡改了怎么办？

如果业主发现自己的房屋登记被篡改了，那么可以以房屋登记部门为被告，向法院提起行政诉讼，要求房屋登记部门纠正错误的登记。

 物业管理公司与业主发生收费纠纷怎么办？

如果物业产权人（业主）或使用人不认同物业管理公司的收费标准，觉得其收费过高、收费项目过多又或是提供的服务质价不符时，就应当向住宅小区的业主委员会反映，由业主委员会和物业公司协商解决。如果物业公司所制定的收费标准是经过物价部门核定的，业主或使用人可以提请物价部门重新核定。物价部门应该充分考虑业主或使用人的意见，以物业管理服务所发生的费用为基础，结合物业公司实际的服务内容、服务质量、服务深度等因素重新核定。如果物业公司觉得收费标准过低，不能擅自提高收费标准，应该提请物价部门根据物业管理费用的变化调整收费标准，或是与业主委员会协商，双方达成一致意见后才能提高收费标准。

对存在下列行为的物业公司，政府价格监督检查机关可以按照国家有关规定进行处罚：	
1	提供的服务质量和价格不符
2	擅自设立收费项目、乱收费
3	不按照规定实行明码标价
4	只收费不服务或是多收费少服务
5	越权定价，擅自提高收费标准

 物业公司可以对违约业主断水、断电吗？

根据我国相关法律法规的规定，物业管理企业没有权利对业主进行处罚，更没有权利对业主采取停水、停电的措施。小区的供水与供电只是涉及了业主与供水公司、供电公司之间的供水和供电合同，如果业主逾期不交水费或是电费，经催告业主在合理期限内仍然不交付水费或是电费的，供水或供电公司有权按照国家规定的程序停止供水或是供电。而物业公司在任何情况下都无权对业主采取断水、断电的措施。如果物业公司擅自断水、断电，那么业主可以通过法律途径维护自己的权益。

 维修养护不及时，物业公司应承担什么责任？

根据相关规定，如果物业管理公司因为计划不周、人力不足或是服务态度等原因造成房屋及公用设施、设备修理不及时，业主和使用人有权向业主委员会或房地产行政主管部门提出申诉，并可以根据具体情况或是情节轻重对物业公司予以警告、责令限期改正、赔偿损失并处以相应的罚款。

> 因管理、维修、养护不及时，给业主或使用人造成损失的，物业公司应当赔偿业主或使用人的损失；如果物业公司管理混乱、擅自扩大收费范围并提高收费标准、私搭乱建、改变房地产和公用设施，房地产行政主管部门有权对其进行处罚。

开发商在楼房顶层私自竖立广告牌合法吗？

根据国家相关法律法规的规定，如果开发商已经将所拥有的楼房卖出，那么开发商对顶层的楼面是不享有任何权利的，也就是说其无权允许广告公司在顶层楼面竖立广告牌，其私自竖立广告牌的行为也是不合法的。

> 如果业主与开发商签订的购房合同中明确约定了楼顶广告牌的设置权归属，就应该按照约定办理；如果购房合同中并没有明确约定楼顶天台或外墙归开发商所有，那么楼顶或外墙的所有权则由该楼的全体用户共同所有；如果开发商未经业主大会同意就擅自许可广告公司在楼顶或外墙设置广告，就必须对业主作出赔偿，所获得的收益也应归这栋楼的全体业主所有。

自家的承重墙可以随便拆除吗？

我国《物权法》第71条规定，业主对其所拥有的建筑物的专有部分享有占有、使用、收益和处分的权利。但是业主行使权利时却不能危及建筑物的安全，不得损害其他业主的合法利益。

房主虽然是房屋的所有权人，但是不能随心所欲地对房屋进行装修，更不能损害其他业主的利益。业主如果私自拆除房屋的承重墙，那么就会毁坏房屋的整体面貌，同时也损坏了房屋的共有部分，这些都是法律所禁止的。

 64 由于邻居挖地窖导致自家房屋损坏怎么办？

我国《物权法》第91条和第92条规定，不动产的权利人挖掘土地、建造建筑物、铺设管线以及安装设备等，不得危及相邻不动产的安全。不动产权利人因用水、排水、通行、铺设管线等利用相邻不动产的，应当尽量避免对相邻的不动产权利人造成损害；造成损害的，应当给予赔偿。由此可知，如果因为邻居挖地窖导致自家的房屋损坏，业主可以要求邻居赔偿。

65 搬运装修材料时，邻居不让通过怎么办？

根据我国《物权法》第87条的规定，不动产的权利人（房主）对相邻权利人（邻居）因通行等必须利用其土地的情况，应当提供必要的便利。同时第88条还规定，不动产权利人因建造、修缮建筑物以及铺设电线、电缆、水管、暖气和燃气管线等必须利用相邻土地、建筑物的，该土地、建筑物的权利人应当提供必要的便利。所以，当业主为了装修房子搬运材料，而邻居不让通过时，建议业主先找居委会或是业主委员会出面调解，如果不行的话，再通过诉讼的途径加以解决。

Chapter 2

没有不知道的省钱妙招

预算常识篇

 装修前需要调查哪些具体事项？

事项	内容
基本价格调查	家庭装修是一项经济活动，价格是重要的因素。在设计、施工价格方面，也需要家庭有初步的了解，做到心中有数，在装修运作时才能做到应付自如
市场状况调查	对家庭装修市场的状况进行全面的了解。应该到专业的机构、单位或组织去了解，如装饰服务中心、装饰协会等

 如何作出合理的装修规划？

　　由于职业、个性、家庭成员的构成以及业主的喜好等方面的不同，装修业主对家装投资的分配也就不同。但是，装修业主依然可以把大家比较认可的比例，作为控制装修支出的一个依据。确定了大致支出比例后，就可以进一步确定每一块下面各个具体项目的开支。需要了解的是，一般装修公司应该完成的部分包括方案设计、基础装修、部分材料安装和相应的水电改造等。所以，对于这一部分的必须支出，装修业主需要多找几家不同类型的装修公司，通过比较它们的报价来确定适合自己价位的装修公司。

　　通过对家装具体支出项目一一列表，业主可以清楚地知道需要购买的商品明细，再到市场咨询价格，这样就不会出现总造价大大超出预算的情况。业主在确定各项资金分配比例后，在施工过程中，还需要将预算费用落实到各个环节，严把开支关。

 如何作出合理的预算方案？

　　①业主要给装修公司的钱。第一张表是给装修公司的钱，内容为：项目名称、单价、数量、数量分配（比如墙砖数量是 50 平方米，"数量分配"一栏要写明厨、卫、阳台的分区数量，如此一来在买砖的时候就能分门别类、分花色购买，并且不同规格的铺砖，工人的铺装费也不同）。

☞ 单价定下来以后就不能变更，数量则应以实际施工的数量来结算，装修公司通常会在结算时虚报数量，所以，需要先把单价确定下来，确定实数量，如有虚数，结算时提出按实数结。根据经验，在预算中无法估定的项目有：装灯的数量，轻钢龙骨包管的数量，石膏板包管的数量，暗/明装电路，水路的数量（长度），哑口的数量，各种柜子的数量等。业主自己的预算单需要加到装修合同里去，业主和装修公司要共同协调配合才能完成。

②业主给商家的钱。第二张预算表和装修合同无关，不过要经常拿着它和工人们沟通。表头和范例是：商品名称、规格、预算单价、数量、金额、用途/功能、实际购买单价/金额、注意事项（事先问清工人与安装有关的要求，在购买时转述工人的说法，以免误项）等。然后，以各房间分区写明需要买的东西，除非特别注明，所写的都是必须买的，实际购买时，可以设法减少单项价格，但是不可以减少项目。

☞ 由于装修预算是在了解装修全部过程的情况下才能作出的，所以，必须在认真把握了装修的有关问题及相关知识后才能作出相对准确合理的预算。

69 装修前需要了解材料价格吗？

目前，装饰材料专卖店、超市很多，只要多逛几家就可询问到市面上材料的真正价格，做到心中有数。然后，让装修公司列出详细的用料报价单，并且让其估算出用量，以防有些装修公司"偷工减料"。做到"知己知彼"才能更好地与装修公司谈价，并与之制定出整个装修所需材料的合理预算。

70 家庭装修中，是应该选择装修队还是装修公司？

装修施工最终是由工人付诸实施的，目前国内市场施工员取费也逐渐攀升，装修中聘请装修队还是装修公司也需要仔细考量。相对于装修公司来说，装修队的价格可能较为便宜，但保修方面没有保障，如果发生质量问题，就需要业主自行购买材料，同时找他人修理。另外，在自行购买材料的同时也会出现运输费、搬运费等问题，从这一系列的后续问题来看，如果业主本人对装修施工不了解，在装修方面也没有可靠的朋友，则最好还是选择装修公司。当然，如果业主是装修行业人员，或在装修方面有可靠的朋友，则不妨选择装修队。

71 与装修公司沟通时应注意什么？

①设计沟通。沟通初始就应向设计师表明自己的投资预算、爱好、职业、装饰材料的选择、物品的取舍等情况，以便设计师根据业主所提出的要求，完成令其满意的设计方案。

②材料沟通。尽量要让设计师把选用的装修材料的产地、品牌、品质、颜色、规格、价格明白无误地告知，并应该尽可能地见到实物，以便亲自选择。选择的办法最好是多逛装修超市。

③报价沟通。装修报价最好有每项工程单价的材料和工艺说明，因为价格的高低来自材料的品牌和档次及不同的施工工艺。

> 作为业主，如果有不懂的地方，就应及时问，特别是对电路、防水这些工程项目的施工工艺要多加询问，直到弄清楚为止。另外，还要明确每项单价的计量方法。

72 编制预算的程序有哪些？

一般可采取两种方式与装修公司洽谈：①装修公司根据客户提供的装修总价，帮助设计和作预算；②客户提出装修要求，装修公司提出价格，然后由客户认可。

明确室内准确的尺寸，做出图纸（因为报价都是依据图纸中具体的尺寸、材料及工艺情况而制定的）

↓

将每个房间的居住和使用要求在图纸上标定

得出装修预算

↓

列出装修项目清单 → 根据考察的市场价格进行估算

73 预算书构成有哪些？

①主材料费。装饰装修施工中按施工面积或单项工程涉及的成品和半成品的材料费，如卫生洁具、厨房内厨具、水槽、热水器、燃气灶、地板、木门、油漆涂料、灯具、墙地砖等。这些费用透明度较高，客户一般和装修公司都能够沟通，大约占整个工程费用的 60% ～ 70%。

②辅助材料费。装饰装修施工中所消耗的难以明确计算的材料，如钉子、螺丝、胶水、水泥、木料以及油漆刷子、砂纸、电线、小五金等。这些材料损耗较多，一般难以具体算清，

约占整个工程费用的 10% ～ 15%。而现在装修公司在给业主装饰装修报价时一般均以成品施工单价报价，不需业主逐项计算。

③人工费。整个工程中所耗的工人工资，其中包括工人直接施工的工资、工人上交劳动力市场的管理费和临时户口费、工人的医疗费、交通费、劳保用品费以及使用工具的机械消耗费等。这项费用一般占整个工程费用的 15 ～ 20%。

④设计费。工程的测量费、方案设计费和施工图纸设计费，一般是整个装饰装修费用的3% ～ 5% 左右。

⑤管理费。装饰装修企业在管理中所产生的费用，其中包括利润，如企业业务人员、行政管理人员的工资、企业办公费用、企业房租、水电通信费、交通费及管理人员的社会保障费用及企业固定资产折旧费和日常费用等。管理费为直接费的 5% ～ 10%。

⑥税金。企业在承接工程业务的经营中向国家所交纳的法定税金，税收是国家财政收入的主要来源。它与其他收入相比具有强制性、固定性与无偿性等特点。

（74） 预算书附件包括哪些内容？

预算书附件包括原始户型图、装修户型图、水电施工图、开关插座布置图、吊顶设计图。如果有衣柜、橱柜、壁柜、背景造型等，则需要出具这些工程的局部放大图，标清其制作的工艺和尺寸。如果必要，还应该附有材料使用详细清单、工程进度表等。

通常情况下，只有业主交部分定金后，才会出详细的水电施工、开关布置、细部设计图纸等，初期的意向洽谈一般只做设计方案和项目报价，让业主大概了解设计方案和装修价格，一旦业主对设计和价格比较满意后，交纳一定定金，装修公司就必须细化各个项目，准确测量尺寸，将装修预算书精确化，以减少误差。业主就要认真审核报价书的各个项目。确认后，就可以签订装修合同。

（75） 家庭装修应该自己设计还是请设计师？

如果装修家庭是以经济实用为主，则一般可以自己设计，最多请别人画一下图；但如果要注重空间的充分、合理利用，追求装修的个性化和艺术品位，则最好还是请室内设计师来作设计。

这笔钱在装修之前就应该考虑到预算中。当设计师把设计草图交给装修家庭时，除了要关心整体效果、舒适程度外，一定要询问清楚具体细节，如了解是否坚固、是否耐用，以防留下潜在的隐患。

请家庭装修监理的优势有哪些？

类别	内容
省心	业主可以照常工作，装修不会打乱业主的生活安排，业主不用每天在工地监督，而这一切都由监理代劳
省力	业主不用东奔西跑买材料，由监理人员代替业主审核材料质量关和施工工艺关
省时	业主不怕拖延时间，由监理帮助合理确定时间，并写入合同，如对方拖延时间，要接受处罚
省钱	可省去装修费用的8%左右，可以杜绝装修公司的高估冒算和粗制滥造等问题

77 商定装修合同时要注意什么？

①工期约定。一般两居室100平方米的房间，简单装修，工期在35天左右，装修公司为了保险，一般会把工期约定到45～50天，如果业主着急入住，可以在签订装修合同时和设计师商榷。

②付款方式。一般装修款不宜一次付清，最好分为首期款、中期款、尾款三部分支付。

③增减项目。装修过程中，很容易有增减项目，比如多做个柜子，多改几米水电路等。这些都要在完工时交纳费用。如果等到已经开工，这些项目单价基本上是装修公司决定。因此，业主在与装修公司商定装修合同时，最好复印一份装修公司提供的完整报价单，以免在签订合同或是增减项目时，装修公司改换价格。

④保修条款。装修工程主要还是以手工现场制作为主，没有实现全面工厂化，所以难免会有各种各样的细碎质量问题。因此，在房屋装修期间，装修公司应该实施的责任很重要。装修公司是包工包料全权负责保修，还是只包工、不负责材料保修，或是还是有其他制约条款，这些都一定要在合同中写清楚。

⑤水电费用。装修过程中，现场施工都会用到水、电、煤气等。一般到工程结束，水电费加起来是笔不小的数字，这笔费用应该谁来支付，在合同中也应写明。

⑥按图施工。装修应该严格按照签字认可的图纸施工，如果在细节尺寸上和在设计图纸上的不符，业主可以要求装修公司返工。

⑦监理和质检到场时间和次数。一般的装修公司都将工程分给各个施工队来完成，质检人员和监理对业主来说是对装修公司最重要的监督手段，到场巡视的时间间隔，对工程的质量尤为重要。一般来说，监理和质检人员每隔两天应该到场一次。装修公司的设计人员也应3～5天到场一次，看看现场施工结果和自己的设计是否相符合。

预算费用篇

78 如何快速估算装修费用？

①估算实际工程量。在对所选装修材料的市场价格及各种做法的市场工价了解的情况下，对实际工程量进行一些估算，据此算出装修的基本价，以此为基础，再计入一定的材料自然损耗费和装饰单位应得利润。

②计算材料购置费。当对所需装修装饰材料的市场价格已有了解，并已计算出各分项的工程量时，可进一步求出总的材料购置费；再以 7%～9% 的比例计入材料的损耗与用量误差，并按 33% 左右计算单位的毛利收益；最后所得，即为估算的总装修费用。

79 如何通过其他装修实例对比估算出装修费用？

对同等档次已完成的居室装修费用进行调查，所获取到的总价除以每平方米建筑面积，所得出的综合造价再乘以即将装修的建筑面积。

例如：现代中高档居室装修的每平方米综合造价为 1000 元，那么可推知三室两厅两卫约 120 平方米建筑面积的住宅房屋的装修总费用约在 120000 元。

> 这种方法可比性很强，不少装修公司在宣传单上印制了多种装修档次价格，都以这种方法按每平方米计量。例如：经济型每平方米 500 元；舒适型每平方米 800 元；小康型每平方米 1000 元；豪华型每平方米 1500 元等。业主在选择时应注意装修工程中的配套设施如五金配件、厨卫洁具、电器设备等是否包含在内。

80 装修预算与实际支出费用的偏差幅度是多少？

装修预算和正常实际费用支出的相差幅度在 ±5% 之间的，属于合理范围。不过，水电工程由于是事先估算的费用，因此不能计算在内。

81 什么样的付款方式对业主最有利？

一般情况下，装修的付款方式有以下两种：

① 分两次支付。在装修前支付 60%，工程进度过半后将余下的 40% 支付给该装修公司所属的家庭装饰装修交易市场，然后由交易市场根据工程的进度和质量支付给装修公司。

② 分 3 次付款。装修前支付 60%，工程过半后支付 35%，验收合格后支付 5%。当然，如果业主能与装修公司签订"3331"的付款方式，即装修前支付 30%，工程过半后支付 30%，验收合格后支付 30%，验收合格 3 个月后支付 10%，这种方式对业主来说是最有利的。

(82) 装修公司可以提前向业主要求结中期费用吗？

如果装修公司要提前结中期款，一定得注意其动机。刚开工时，有些装修公司会说要进材料，没有钱支付，而真正负责任的装修公司是不会这样的。想要避免以上情况，就需要在签订合同的时候通过钱来限制装修公司。而且把什么环节、什么标准，交什么方面的钱规定好，免得有歧义，这样即使出现问题也可以及时解决。

(83) 尾款是业主自我保护的方式吗？

尾款是业主自我保护的方式，特别是对于售后服务没有多少保障的小品牌公司，更需要留足尾款。业主应该注意个别家装公司会留假尾款，家装公司针对部分要留尾款的业主提高合同价格，然后会把提高的部分作为尾款。如果有问题，他们就会放弃尾款。如果没有问题，提高的部分就成为一笔意外的收入。另外，还要尽量减少发生纠纷的情况，一旦发生纠纷，很多业主往往会选择拒绝支付尾款，但这会成为家装公司逃避保修责任的借口。

> 业主要清楚家装公司留的是真尾款还是假尾款，具体办法就是先不要提尾款的事情，等预算全部谈好并确定下来，准备签合同时最后提尾款的事情，不要给对方任何加预算的机会，如果他们坚持不同意留尾款，最好的解决办法就是换一家装修公司。

(84) 尾款可以在入住后一个月支付吗？

尾款是否可以在入住后一个月支付，主要与签订的家装合同有很大的关系。在合同里面，一般都会有付款办法一项。具体的付款方式是客户与装修公司协商以后确定的。有些装修公司有其自己的付款规定，如果客户认可其"规定"，就要按照装修公司的规定办法去执行。

85 如何通过材料与人工费用估算装修总费用？

对所处的建筑装饰材料市场和施工劳务市场调查了解，制定出材料价格与人工价格之和，再对实际工程量进行估算，从而算出装修的基本价，以此为基础，在计入一定的损耗和装修公司应得利润即可，这种方式中，综合损耗一般设定在 5% ～ 7%，装修公司的利润可设在 10% 左右。

例如：根据某城市装饰材料市场和施工劳务市场调查后，了解到要装修三室两厅两卫约 120 平方米的住宅房屋，按中等装修标准，所需材料费约为 50000 元左右，人工费约为 12000 元左右，综合损耗约为 4300 元左右，装修公司的利润约为 6200 元左右。以上四组数据相加，约为 72000 元左右，即得到所估算的价格。

这种方法比较普遍，对于业主而言测算简单，可通过对市场考察和周边有过装修经验的人咨询，得出相关价格。然而，根据不同装修方式、不同材料品牌、不同程度的装饰细节，装修费用有着不同差异，不能一概而论。

86 设计效果图是否要收费？

绘制高水平的计算机效果图，要花去设计师大量的时间和精力。一名较好的设计师绘制一张完整的家装客厅效果图，大约需要 10 个小时左右，打印效果图必须要使用专用纸张。由此可以看出，绘制效果图的人工和材料成本并不低，如果没有费用保障，设计师一般不愿意绘制或不会用心去绘制效果图。

一般情况下，绘制一张家装效果图费用在几百元。因此，对于普通业主来说，没有必要需求太多的效果图。如果对设计效果看不明白，可以让设计师手绘简单透视图，再加上设计师的讲解，对设计效果一般都能够了解清楚。对于装修总造价高或豪华型装修，如工程预算十几万元以上的家装工程，装修公司可能会免费为业主多绘制几张漂亮的装饰效果图。

87 3D 图可以免费看吗？

一般来说，如果业主去找装修公司，装修公司是会拿出来一些成品的 3D 效果图给业主浏览和观看的，这样便于交流，从而签订协议。但是一旦涉及业主自家装修设计的时候，3D 效果图就不能免费观看，因为设计师需要根据业主房屋的实际情况绘制效果图。另外，制作 3D 效果图花费了设计者较大的时间和精力，收取费用也是设计师们以劳力换得的生活保障方式。

3D 图的价位多少才合理？

现在市面上制作一张 3D 图的价格不等，就家装室内 3D 效果图来说比较实惠的是一张 200 ～ 500 元左右，其中也可能会有价格更高的装修公司。当然，业主在家装装修过程中不可能只需要一张 3D 效果图，这需要业主与装修公司或设计师事先商定图纸数量以及其他的附属条件。

 变更设计后增加的预算费用怎么算？

如果需要变更的装修项目已经施工一部分，前期发生的费用应该由提出变更的一方来承担；设计单位提出设计变更是属于合同外增加的项目，费用由装修公司负责。施工前应做好费用预算和确认。项目发生变更往往会延长施工工期，应理解和配合；项目变更应量力而行，更不能随意变来变去，需要变更的项目一定要变更，能不改的则尽可能不要改。

90 更改和不更改装修格局的设计费是否一样？

更改和不更改装修格局的设计费是不一样的。因为不更改格局的话，只涉及吊顶设计、空间的动线及整体搭配等方面，设计费会较为便宜。如果要更改设计的话，不仅要考虑空间格局，甚至水电配置都需要重新改造设计。

91 请家庭装修监理是否增加装修支出？

一般人认为已花几万元、几十万元装修房子，还要再付一笔监理费，似乎是额外支出。其实如果换一个角度来看的话，首先，监理公司在审核装修公司的设计、预算时可挤掉一些水分，这些费用一般都要多于监理费。其次，每天有监理人员在工程材料质量、施工质量等方面把关，可以节约业主大量的时间和精力，由此看来请家装委托监理并没有增加支出。

92 如何利用有限的装修资金实现更好的装修效果？

①资金的使用。以一套使用面积在 100 平方米左右的三室两厅计算，如果包括家具和后期装饰，整个装修工程花费在 10 万元左右，最低可以减到 5 万元，最多则可突破 50 万元。由此可见，家庭装修工程的投入有很大弹性，因此一定要量入为出。由于家庭装修具有一次性的特点，业主不妨将资金的使用重点放在装修上。对于资金相对紧张的家庭，可以先将装修做好一点，以后再购买与之相配的家具和装饰品。

②风格的选择。当拿到新居的图纸时，不妨可以把家人聚在一起，畅所欲言，各自说说

对新居的要求。最后再根据这些要求分配空间，确定每个房间和功能性空间的用途。而对于家人的审美性要求，则要"求大同、存小异"，在住宅整体装修风格和谐、统一的基础上，尽量让所有家庭成员满意。

③细节的考虑。在家庭装修之前，应对空间中的细节考虑周全，主要是要对房间家具、电器等物品的布置有一套周密合理的规划。最好绘出简单的平面工程草图，标明空间分配和家具的位置。作为新居的最终使用者，要根据今后的使用需求，来确定每个房间中的细节。这些细节总是在装修前想得越全面，装修中的改动、装修后的遗憾就会越少。对于空间内线路的走向和插座的位置，要为未来购置的空调、电热水器、微波炉等家用电器做准备，因此需要特别注意。

 客厅和卧室在家庭装修中，资金该如何分配？

目前，"大厅小卧"的形式越来越多，因此，不妨对客厅装修的花费投入多一些，对卧室装修的花费少一些。装修客厅最重要的是要体现这个家庭的特色，顶墙地的处理，不仅质量要高、材质要好些，而且装修手法上也要新颖。另外，在家具的配置、装饰品的选用上，客厅所占的份额应是整个预算中最大的。与此相反，卧室的装修，最好以简洁、温馨为主，用不着太过雕琢。

 厨房和卫浴间在家庭装修中，资金该如何分配？

厨房是家庭中管线最多的地方，装修时也较为麻烦。业主多投入一些资金，把厨房装修得漂亮一点是值得的。另外，现在整体厨房家具应用比较广泛，这是"厨房革命"的新方向。卫浴间的装修也存在同样问题，因为许多卫浴间的通风和采光都很差，所以在装修上更要下一番功夫，多投入一些资金并非为浪费。

 顶、墙、地的费用，在家装中该如何分配？

日前家居房间的净高普遍比较低，大约在 2.5～2.8 米之间，为了不至于产生压抑感，房间的顶部处理理应以简单为宜。墙面的装修同样以简单为宜，既节约经费，效果也不错。对于地面的装修则需要加倍注意，因为地面装饰材料的质量和颜色决定房间的装饰风格，而且地面的使用频率明显要比墙和顶面高。就地面材料而言，质感和装饰效果俱佳的复合木地板更适合家庭使用。

家居装修中常用门的费用大概是多少？

类别	特点	价格 / 扇
实木门	一般市场上的纯实木门非常少，因为纯实木门如果做工不好，非常容易变形。其中，红松、杉木、柞木等属较低档的木门用材，胡桃木、樱桃木、沙比利等属较高档的木门用材	约 3000 元以上
实木复合门	门芯多以松木、杉木或进口填充材料等粘合而成，外贴密度板和实木木皮，经高温热压后制成，并用实木线条封边。具有保温、耐冲击、阻燃等特性，而且隔声效果同实木门基本相同	1200~3000 元
模压门	施工工艺较简单，没有实木门厚重美观。主要用在阳台、储物间等不经常开启的地方。模压门应注意其有害气体的释放可能会造成室内污染	约 200 元以上

97 装修中五金大概有哪些？费用各为多少？

类别	内容
门锁	门锁的样式很多，简单地说，超市里面的锁，基本在百元左右；建材城的门锁相对便宜，七八十元就能买到比较漂亮又实用的锁
合页	一般门都配有 2 个合页，如果业主想更坚固耐用，可以考虑一扇门配 3 个合页。一般每个合页价格约为 18~24 元
门吸	门吸主要对墙面起保护作用，可以避免门碰到墙面上，很实用。一般门吸价格在 10 元左右
地漏	有普通型、洗衣机专用型、加深防臭型，价格一般在 20~30 元
水龙头	现在很多人都喜欢用台上盆，效果很好，但是买水龙头的时候，一定要考虑到盆高度，以免水龙头高度不够。水龙头的价格从几十元到上百元不等，可按需选择

预算报价篇

98 如何确认报价？

在装修公司进行实地测量之后，公司会给出设计图，以及一张详尽的报价单，上面列有非常具体的用料和施工量。业主在拿到这份材料之后，首先要看设计是否符合自己的要求，然后可以请设计师来解释这份设计方案，比如说一些空间的处理、材料的应用等。在确认设计方案之后，还要仔细考查报价单中每一单项的价格和用量是否合理。如果装修公司测量的数据和业主本人测量的数据有出入，就务必请设计师就此作出说明。

99 装修预算报价是由哪些方面构成的？

一份详细的报价单应该含有序号、工程项目名称、数量、单位、单价、合价、主要材料及施工工艺、总价合计等。但业主在索取装修公司的预算报价时，会发现报价单上的项目非常少，而且材料及工艺做法说明不够详细。有些装修公司的预算报价单简单到只有项目名称、数量、单价与合价及总价。这样一来，最应体现的部分没有得到表达，为业主日后装修埋下了隐患。

100 怎么理解报价单上的名词？

类别	内容
序号	属于常规的排列形式
工程项目名称	业主可根据此类别了解装修时有多少项目需要施工，结合图纸可以看出是否有缺项、漏项、多项
数量	表示此项工程项目的工程量真实数据，可根据此数据判断装修公司是否存在多算数量的情况
单价	单位数量下，装修公司报给业主的价格，体现出各个装修公司之间的报价差异
单位	由此了解装修公司是以何种单位方式来计算价格的，因为项目计量单位不同，价格便不同。同时，根据单位数据，把认为有问题的项目换算成其他装修公司的计价单位进行比较，判断价格是否合理

类别	内容
合价、总价合计	装修公司报价单中装修费用总额
主要材料及施工工艺	这部分具体看出工程项目的施工工艺，以及施工中所使用的主材、辅材等

 101 装修报价单越详细越好吗？

装修报价单越详细越好，这是毋庸置疑的。因为这一方面表明了装修公司的认真态度，另一方面也方便业主了解清楚。在某项工程的报价说明那一栏，装修公司应该列明是采用什么品牌、什么型号的材料，采用什么样的施工工艺。

 102 对于报价低的装修预算书要注意什么？

有很多业主在选择装修公司时，只比较预算书上的价格。哪家的报价最低，就让哪家来装修。其实预算书上的价格是和材料选择、工艺工序分不开的。单纯比较价格、选择最低的装修公司，往往会带来不可弥补的损失。

 在考察预算书的报价时，一定要把材料的品牌、型号，以及施工的工艺、工序都考虑在内，才能得出一个较为客观的评价。此外，不要过分压价，过分地压低价格，这样会使施工队产生逆反心理，在装修材料和质量上大打折扣。

 103 同一个空间、雷同的设计报价会相差很大吗？

雷同的设计通常是指平面图或外形看起来很像，并不是完全相同，所以它们的报价也不同，甚至报价相差会很大。装修项目、工程量的多少是影响整个装修造价的直接因素，同时装修公司的规模、资质、等级、管理制度不同，其收费标准也有所不同。另外，还需要注意的是，报价还会因为材质、工法细致度等不同而有差异。

常见黑幕篇

 装修公司在预算报告中会故意漏掉哪些项？

家庭装修造价预算程序里，材料费、施工费、管理费、利润等都应该明确，而没有信誉、质量、服务保证的装修公司或施工队往往采取"低开高走"报价的做法承揽业务，在预算时将价格压至很低，甚至低于常理，诱惑业主签订合同。进入施工过程后，又以各种名目增加费用。比如，在预算中漏掉某一至两项并宣称按照行规，该工程项目原本由业主自行解决，而合同中却没有明确指出，一步步加价；不少工程项目因此而攀升至原报价的两倍甚至三倍。

 装修公司怎样在预算中虚假报数提高总价？

有些装修公司在做预算时，人为地把数量很大的项目少报，这样就会把总价压下去，使预算看上去非常诱人。等到实际装修工程中，发现按照预算工程量根本无法进行，此时装修公司就可以堂而皇之地按照工程量的变动增加费用，最终总的装修费用还是上去了，甚至更高。

 装修公司在协议上容易出现哪些文字游戏问题？

一些家装公司利用业主装修心切，在签协议时，故意使用一些模棱两可的词语。比如在合同条款中注明：当装修中如原品牌材料没货时，乙方可临时更换相同型号的材料。"同"是同质量的，还是同类材料的，却没有写明。这样，家装公司很可能就会理直气壮地以价低、质差的材料代替。

 装修公司在预算报告中会虚增哪些费用？

在预算书的最后，会有一些诸如"机械磨损费""现场管理费""税费""利润"等项目，这些项目其实都属于不合理收费。"机械磨损"是装修中必然发生的，"现场管理"则是装修公司应该做到的，这两项费用其实都已经摊入到每项工程中，不应该再向业主索取。而根据"谁经营、谁纳税"的原则，装修公司的税费更不该由业主缴纳。而将"利润"单独计算，是以前公共建筑装修报价的计算方式。目前装修公司已经把利润摊入每项施工中，因此不应该重复计算。

108 装修公司会利用什么样的手段来达到追加订金的目的？

设计师会先拿出一大堆平面图、效果图让顾客挑选心仪的风格，然后在简单询问房屋面积大小、房间朝向等基本情况后，从电脑里拿出一张"适合房子要求"的设计效果图纸。如果业主进一步要求装修公司拿出详细的设计图，设计师就要追加订金（费用名称各不相同）等费用，并声称在装修开始后可以折抵工程款，诱使业主与该公司签约。

> 设计师拿出的所谓效果图只不过是他们搜集的一些常用户型的设计效果图，然后再稍加调整储备到电脑中，等客户来之后，直接从电脑上根据客户家的户型调出一两张效果图来，根本没有任何设计。一般来讲，设计师是不可能轻易给不稳定的客户专门做效果图的。

 109 装修公司在报价单材料规格上会做哪些手脚？

一份详细的装修工程报价单，应将使用材料的品牌、规格、单位、单价、数量，合计余额全部列清，而有些装修公司只把品牌、单价及合计金额列出，规格和数量却忽略不计；更多的时候，装修公司不写清规格。有些材料规格不同，价格差异很大，如不写清此项，将来装修公司购买材料时，便可以轻易做手脚。

 110 装修公司在报价单损耗量上会做哪些手脚？

施工中材料会发生损耗，所以购料中要在实际用量中加入损耗部分。在报价中，这部分数量是含在单价里的。在有些报价单中，材料总额又另加上 10% 损耗费，实际上是重复计费。业主应对此有所了解。另外，任何工程基本损耗不会超过 10%，如果发现超过此比例，应请装修公司给予合理解释。

 111 装修公司在单项面积上会做哪些手脚？

一般情况下，业主不能只关注单项面积的价格，大致估计实际的面积。事实上，单项面积是装修公司或工头最容易做手脚的地方，如果每项面积都稍微增加一些，单项价格又高，那么费用攀升，业主讨价还价的成效也就烟消雾散。

☞ 单项价格谈定以后，业主一定要不怕辛苦，和装修公司或工头一起把单项的面积尺寸丈量一下，并记下来，落实到纸面上，并算清楚单项的总价格是多少，作为合同的附件。

112 装修公司在报价单施工工艺上会做哪些手脚？

装修报价单上，有些施工项目有几种或更多施工做法，其做法不同，价格自然也有很大差异。如果只写贴瓷砖多少钱、刷涂料多少钱，这样太含糊其辞。不同的施工工艺所涉及的主料、辅料的种类和数量会有所不同。不写明施工工艺，一方面，在价格上会有伸缩余地，装修公司有可能按这种施工工艺收钱，却用其他简单做法施工；另一方面，在施工过程中也就没有监督施工的依据。

113 装修公司如何利用转化材料计量单位来影响预算？

巧妙转换材料计量单位是装修公司赚取利润最常用、最隐蔽的手法。通常，材料市场的材料价格都是按照多少钱一桶（一组）、多少钱一张等计量单位来出售的。而装修公司向业主出示的报价单，很多主材都是按照每平方米、每米来报价，如涂料、板材等。因此业主根本就不清楚究竟会用多少装修材料、究竟用掉了多少装修材料。

114 装修公司会利用什么理由更改原始预算方案，以增加报价？

有些装修公司在做预算时，故意在那些没有经过设计的工程项目中将一些已经淘汰的工艺或者做法写进预算中，以此来降低预算报价。而这些项目按照预算中的做法进行装修，效果会差强人意，如果业主要求修改，装修公司就可以有理由收钱了。更有甚者，本来还可以的项目，装修公司仍然会找各种各样的合理或不合理借口来说明这个做法的不妥，目的就是要修改方案，从而再次收费。

115 装修公司如何在"布线"环节中，影响施工和费用？

有些装修公司会大量购买电线，在施工时重复布线，多用材料，浪费业主的财力物力。一旦线路出现问题，在有如"天罗地网"的布局中很难检测。在布线时应周密安排，在不超过管的容量40%的情况下，同一走向的线可穿在一根管内，但必须把强弱电分离。

 选择装修公司的报价"套餐"真的会省钱吗？

近年来，一些装修公司为招揽生意，把本来繁杂的预算项目重组为简单的条目，号称"套餐"报价，表面上为业主节约了时间和精力，实际上套餐报价华而不实，外强中干，内容不明确，笼统空洞，很多原则性问题都得不到体现。

 装修公司的"大礼包"是不是真的实惠？

有些装修公司通过打折促销或者赠送装修项目来吸引业主，很多业主也是认为价格便宜，但是如果不仔细的话，很可能就会上当受骗，所谓的这些打折、礼包都是基于一定的前提条件的，并带有很多附加条件。如在签订合同前，装修公司可能会许诺七折的优惠，并要求业主交纳一定金额的定金。但在签订合同的过程中，装修公司会再给业主一个详细的活动内容，可能仅有部分项目可以享受七折优惠，并且不退还定金，业主无可奈何之下只好签订合同，这样一来，业主得到的折扣也就并不那么划算。

 装修公司的"先施工，后付款"可信吗？

现在不少装修公司提出"先施工，后付款"的口号，目的就在于让业主觉得放心、划算，承诺让业主看质量签合同。然而一旦签订装修合同，就发现装修公司频繁改设计、加项目、变工艺、加费用等情况。如果装修款项增加不到位，则又会肆意停工，耽误业主时间。如果业主终止合同，另外寻求其他施工单位，则前期的工程与后续工程不相结合就会造成施工难度增加，后续施工单位也会以此为借口增加各种施工费用，这样就会陷入恶性循环中。因此，装修业主不要盲目相信"先施工，后付款"的承诺，一切应以实际的施工质量为基础。

 装修公司承诺的监理免费可信吗？

一些装修公司向业主宣传，设计与施工全由设计公司承保，并介绍公司内有装修监理部门，监理可以免费。其实，这是一种误导，装修监理机构只有作为第三方，才能公正、独立、科学地行使监理职能。如果监理人员隶属于装修公司，那么他们维护的往往只会是装修公司单方面的利益，很难考虑到业主的利益。

 设计师会通过什么手段来多收取费用？

①增加装修项，可简单装修的变为复杂装修。例如，一个小卫浴间，本来只做简单装修即可，

费用不过几百元，而设计师会推荐业主安装整体浴室、冲淋房、玻璃轨道移门等，其中的任何一项费用都在 1000 元以上。

②增加建材费用，材料费提成补偿免去的设计费。有些设计师会干脆与业主"摊牌"，声称因为没有设计费，其收入主要来自建材的提成，如果不去设计师本人推荐的建材商那里购买材料，设计质量就很难保证。如此，增加的建材费用也弥补了免去的费用。

121 什么情况会导致工程总款比合同款多？

①是否在装修过程中增加装修项目。比如在合同外，又多做衣柜，很多本来应该装修公司买的东西，最后变成业主自己花钱买。

②看合同，是否有重复计算的地方。比如涂料是自己买的，可是在预算上，则把涂料钱付给了装修公司。

③所有施工项目的面积是否仔细丈量。即使业主在装修前把价格压得很低，装修公司也有办法在预算中，把钱都悄悄加回来，要避免装修公司在工程量上做手脚，业主需要了解房屋的装修面积。

122 装修公司为什么会叫业主多做木工活？

装修公司或工头总会劝说业主多做一些木工活，因为对装修公司来说水电工活、木工活是比较赚钱的。业主一定要按照实际情况来定夺，千万不要盲目装修。对于家具活，除非户型不规则必须定做外，能在家具厂购买的尽量在家具厂购买。这是因为：一是家具厂经过多种工序，不会轻易变形；二是木工活在业主家干的话，占场地、脏乱，而且油漆味浓，家具易变形；三是材料质量一般都不会特别好。

123 工人在施工中隐蔽工程中会怎样做手脚？

业主一般对于隐蔽工程和一些细节问题了解不多，如上下水改造、防水防漏工程、强电弱电改造、空调管道等工程做得如何，短期内很难看出来，也无法深究，不少施工人员常在此做文章。在装修过程中，常见的偷工减料的项目主要有：基底处理、地面找平、小面处理、电线穿管、接缝修饰、墙面剔槽、墙地砖铺贴、电线接头、下水管路、墙面刷漆。

省钱原则篇

124 如何在装修准备阶段省钱？

在装修动工之前，做出一套合理的设计方案是基本的省钱方法之一。因为设计师一般会将居室的功能、装饰、用材等都一一标明在施工图上，经过修改，直到业主满意为止。提前做出合理的设计方案可以避免装修过程中，边做边看、边做边改所带来的人力、物力、财力浪费。如果设计方案不合理，则会导致部分室内空间利用不上，这也将会是一笔巨大的损失。

> 在装修之前，业主一定要留出足够的时间把设计、用料、询价和预算做到位。前期准备得越充分，装修的速度可能越快。业主收到工程图和报价单后，一定要仔细阅读，要留意是否遗漏了项目，业主本人所要求的装修项目是否已全部提供。

125 降低家装预算可以从哪些方面入手？

① "货比三家"选材料。材料有不同的等级，即使是同等级的材料在不同的卖场价格上也会有差异，因此选材一定要"货比三家"。

② 专业人士帮忙。在选购材料时，不妨与专业人士或装修工人同去，一来他们比较了解行情；二来他们跟材料商比较熟悉，没准能给业主带来惊喜的优惠。

③ 大众化的材料与工艺。装修中要有重点，重点的部分多花点钱，装修出档次和格调；其他部分不妨就选择最大众化的材料和工艺，这样既能突出重点，又能省下不少钱。

④ 淡季装修。装修也有淡季和旺季之分，旺季时工人和材料比较"抢手"，价格当然也会比较高。此外，应选择合适的装修公司，合理地选择装修公司是控制成本最好的办法，不妨多比较几家装修公司。

126 设计之初的家居功能分区需考虑哪些方面？
这样做可以降低预算吗？

家居设计要想省钱，需从整体规划开始。根据家庭成员的生活习惯，划分家中功能区、确定插座位置及家具尺寸等，对家庭的基础设施有一个基本判断。此外，还要考虑到未来家庭生活方式的变化，例如，如果新房常有亲戚、父母来住，应该也将他们的生活习惯考虑在内；

如果未来将有孕妇或宝宝，还要考虑婴儿床位置、房间色彩这些细微的问题。只有把准备工作做充分，才能避免后期因家居功能划分不合理而导致预算的增加。

 如何根据居室面积选择最合理、最省钱的装修方式？

　　房子的装修费大多取决于装修面积的大小。但是，装修面积却与房子的实际面积不一样，做到心中有数，才能减少不必要的开支。比如，居室面积较大（超过140平方米），为了以后长时间地居住，以及考虑到二次装修费时、费力的情况，宜选择较高档次的装修；面积较小的房子，在日后生活中进行二次装修相对来说是比较容易的，宜选择中、低档装修。

 装修设计由谁做主最省钱？

　　很多人喜欢把装修设计直接交给装饰公司，自己不参与设计。这样做虽说省事，但设计出来的居室却往往无法体现居住者的爱好和性格。其实，为了居室能够满足自己的需求，在设计开始时业主就应该参与设计，最基本的就是将自己喜欢的风格、颜色、材质等告诉设计师，然后让设计师对要求提出专业意见，并且把双方的想法体现在设计图纸上。这样操作，不仅能够装出符合心意的居室，而且也能避免之后由于自己不满意而返工带来的资金浪费。

　　由于双方的立场不同，业主更应该从自身居住的角度考虑，设计师提出的建议，合适的就采纳，不合适的就应坚定否决。

 家居装修中，怎样才能达到既事半功倍又能省钱的效果？

　　①选择好的设计师。一个好的、合格的设计师能够尽量为客户着想，利用设计中的对比处理，把钱花在点子上，而部分项目使用一些极便宜的材料即可，这样的用钱主次分明，能在有限的预算情况下控制资金。另外，好的设计师，还会为客户提供用材方面的建议，分析不同材料的优劣，避免了选材错误而造成的遗憾和损失。

　　②制订优秀的设计方案。一个优秀的设计方案，能使花钱计划得到保证，避免不必要的错误而引起的返工费用。比如没有经过专业设计，自己随意想出的装修造型，做出后发现很难看，不得不返工重做，这无形中就造成了材料和人工的浪费、重复。

 哪种装修风格最省钱？

　　家装风格有很多，如欧式风格、简约风格、地中海风格、东南亚风格、田园风格、中式风格等。

相对于其他风格，简约风格比较省钱。这是因为其他装修风格在后期施工过程比较复杂，且有些风格的主材价位偏高。

> 简约风格线条流畅清晰，讲究空间感，家具饰品少，省去了过多复杂的工程，不用投入大量的资金就能装修出不错的效果。

 131 "简装修、精装饰"的省钱原则是什么？

　　简装修即化繁为简，好比量体裁衣。简装修并不是装修的简单化，而是追求简洁的风格。简装修可为精装饰留下发挥的余地。精装饰即采用多变的装饰艺术手法来代替固定的装修模式，如用艺术品、布艺等精心装点家居。另外，简装修不过分苛求个性化的体现，主要以实现基本的居住功能为主，具有工期短、费用省等特点。一般包括基础的水电线路连接、墙面处理、顶面和地面处理等。有专业人士认为，简装修是给未来预留空间。"装修一次，住一辈子"已经不能适应人们日益提高的居住环境需求，家庭装修也由以前的终身制演变成现在的5～10年，装修越简单，越具有预留功能和更大的变更余地。

132 客厅装修设计有哪些省钱方法？

　　①摒弃烦琐的电视背景墙设计。烦琐的电视背景墙不是非要不可的，无论是从经济的角度，还是从审美的角度，现在越来越多的人追求简洁、实用。不妨做个简洁明快的电视背景墙，在颜色上可以突出一点，再搭配几幅装饰画，这样可以随时更换装饰，灵活性更强，在费用上也能节省一大笔。

　　②巧用沙发外罩给旧沙发"换新颜"。沙发是家居中的重要家具，一套好沙发往往要万元以上。因此，如果能够更换沙发表皮，和居室风格协调，就不必再买一套新的沙发，好的沙发外罩会让沙发看上去和新的一样。

　　③定制家具前做好充分的市场调查。定制家具也要有合理的预算。开价比较低或砍价特别容易的厂家不要考虑。一些个体作坊，由于大量使用了质次价低的材料，家具的价格比较便宜，动辄能够砍价上千元，对这类看似便宜的家具千万要小心，表面上也许看不出什么毛病，使用一段时间后便可悟出"一分价钱一分货"的道理了。所以前期根据自己的实际需要，做充分的市场调查是很必要的，预算在定做市场上合理即可，要知道好材料哪里都不便宜。

　　④省去壁板。如果客厅选用整面墙的柜子，不妨省去壁板，但前提是墙面没有渗水的问题，因为壁板有防潮的功能。同时不要壁板的话，承重也一定要考虑，最好不要放置太重的物品。

　　⑤巧妙利用装饰构件。与其花上大量金钱做装饰墙、柜，不如尽量买些活动的装饰构件，

轻巧易更换，或为了融合整个装修风格，用简洁的可经常涂刷变换颜色的装饰墙面，既省钱又美观实用。

 133 餐厅装修设计有哪些省钱方法？

①选择合适的家具。餐厅省钱的关键，尤其对于小户型来说，是采用造型简洁、小巧、质量好、功能强，甚至可随意组合、折叠的餐厅家具。

②餐厅柜不做门。这样的柜子有展示功能，不妨把自己珍藏的红酒、餐具瓷器等统统放进柜子里，让它们成为餐厅最独特的装饰。

③吊顶与灯具的结合。独立的小餐厅一般难以形成良好的围合式就餐环境。想要解决这一问题其实不难，为小餐厅做小型的方形吊顶以压低就餐空间，营造餐厅的围合式就餐气氛，同时将吊顶和吊灯合二为一，由于吊顶的作用，此处可以选择价格便宜的吊灯，但借助吊顶的"气势"，完全可以烘托就餐的主题，并且满足了空间、照明等诸多功能需求。

134 卧室装修设计有哪些省钱方法？

①卧室装修要有重点。重点装修的地方，可选用高档材料、精细的做工，这样看起来会有较高的格调，如背景墙；其他部位装修则可采取简洁、明快的办法，材料普通化，做工简单化。

②选材要经济。从经济性的角度来说，卧室材料选择无外乎板材、涂料、壁纸以及布艺、玻璃等，其中前三种材料在实际中应用得最多，也最能节约装修费用。

③现代风格的卧室舍弃吊顶设计。现代风格的卧室最好不要设置吊顶，这样不仅保证了空间的视觉流畅感，还可以省去一笔为数不少的材料、人工费。可考虑在顶部墙角粘贴石膏系列的装饰线条，既省钱，又能避免视觉上的压抑感。

④卧室墙巧变衣柜。利用卧室中现成的墙体做简易的衣柜，既节省了花销，又能保证其使用功能的完全实现。例如借助卧室的一处墙角，并在另一侧再砌一段轻质隔墙，在两面平行的墙中间安装两根不锈钢钢管做挂衣架，再配一幅布帘，如此这三面墙围成的空间就成了衣柜。

135 厨房装修设计有哪些省钱方法？

①充分选择材料的高低搭配。厨房的装修材料最好沿用传统的选择方式，地面、墙面多采用瓷砖，其他家具采用密度板材，这样在满足使用功能的前提下，可以有更多的范围充分选择材料的高低搭配，从而节省装修费用。

②厨房装修都选用整体橱柜。做整体橱柜的时候，能够根据自己的实际需要，而不是厨房的面积来做，则相对划算得多。如吊柜与地柜做到能满足需要就可以了，没有必要全部做满。

136 卫浴间装修设计有哪些省钱方法？

①**合理的选材方式**。通常情况下，卫浴间装修材料选择有两种方式，一是选择档次、造型、色彩较为一致的材料，如此一来，搭配比较和谐，而且可以统一规划费用；二是采用对比手法，用量较大的材料选择便宜的，点缀功能的材料挑选相对档次高一些的，以此来营造视觉冲击力。这两种选择方式，都可以在满足美观的同时，节省一部分装修费用。

②**减少过多的装饰**。一般卫浴间的面积都不大，因此不要在卫浴间设置过多的装饰，以三大件（洗手盆、洗浴器、坐便器）为核心，辅以必要的储物小家具即可。

③**浴缸与淋浴门的完美结合**。卫浴间如果装了浴缸，可以将淋浴拉门直接架在浴缸上，既实现了干湿分离，施工又简单，价格也很便宜。

 137 玄关装修设计有哪些省钱方法？

①**挂上几幅装饰画**。想将幽暗的玄关装点得比较活泼，最简单的办法是在墙面上挂几张照片或装饰画，再在画上加盏小灯，让它们变得更为夺目耀眼，成为玄关空间的视觉焦点。如果想更省钱，不妨采用几幅自己的涂鸦作品。

②**鞋柜也可当作玄关柜使用**。用现成的鞋柜比木作的鞋柜便宜，只要在上面摆上画、园艺盆栽，鞋柜旁边再搭配高几及绿色植物，既省钱又实用。

 138 隔断装修设计有哪些省钱方法？

①**自己动手，丰衣足食**。家居省钱千万不能忽略"自己动手，丰衣足食"的理论，这样不仅能省钱，还能培养自己对家的那份独特的情感。例如，用自己做的珠帘作为不同空间的隔断，小小的改变让空间立即变得独一无二。

②**放弃使用厚重的实体墙做隔断**。小户型里大多数人喜欢选用简约风格的装修，在空间的分隔上也尽量不要采用实体墙，否则容易造成局促的感觉。虽然拆墙的成本比较高，但是用合理的价格打造舒适的空间也绝对是一笔划算的交易。

③**选用半封闭式隔断**。这类隔断较受业主青睐，不但能够合理分隔空间，而且还具有较强收纳功能。间厅柜、吧台等家具就是很实用而经济的半封闭式隔断。

 139 过道装修设计有哪些省钱方法？

①**用最喜欢的颜色粉刷一面墙壁**。颜色可以很大胆或迎合个人的喜好，但要确保周围的房间的颜色与之相匹配，然后，只需要再搭配一些简单的挂饰，简单的花费就能打造出一个

个性的过道。

②**手绘画品的应用**。尝试选购一些纯手绘画品，价格上只要不选择一些名家的作品，即可做到节省花费。

 楼梯装修设计有哪些省钱方法？

①**根据空间选择适宜的楼梯样式及材料**。居室空间不大，选择楼梯时就可以考虑 L 形或螺旋形楼梯，材料和样式都应选择视觉轻、透、现代感强的楼梯。另外，楼梯的踏板最好不做封闭处理。

②**充分利用楼梯的空间**。楼梯的下部空间最好不要空着，要做适当的布置。比较流行的布置方式有布置成文化展览区，或者小吧台。如果楼梯是直上直下式，这个下部的三角形空间则适合布置成入墙书柜。

③**灯光的巧妙设计**。楼梯在灯具的选择上，强调在空间所产生的层次和效果，并不需要繁复的造型。因此，楼梯灯具的选择是一个折扣较高的项目，一些别致的射灯、壁灯、吊灯无疑是楼梯空间的最佳选择。

 阳台装修设计有哪些省钱方法？

①**封装采用塑钢型材**。塑钢型材是近几年新兴的装饰材料，与其他门窗材料相比，塑料制成的门窗其保温隔热功能以及隔声降噪功能都要高出 30% 以上，而成本却只有铝合金材料的 10% 左右。

②**墙地面选择合适的材料**。如果阳台不封装，地面可以使用防水性能好的防滑瓷砖，墙面则可使用价格相对便宜的外墙涂料。

③**直接用植物来布置**。如果阳台面积比较小，栽一些多年生的草本植物或爬藤类植物。如果阳台面积够大，对于植物的选择则没有过多限制。如果阳台再有点弧度，做成"曲径通幽"的效果则更好。

 如何做电视背景墙最省钱？

为了使电视背景墙达到成为室内焦点的效果，很多业主不惜用各种材料来打造，如石材、板材等；而且还利用大量的装饰品来进行装点。这样装饰下来，电视背景墙的造价肯定不低。如果预算并不充足，建议在客厅中做简洁明快的电视背景墙，白色墙面搭配几幅装饰画，或者墙贴即可，这样可以随时更换装饰，灵活性更强，在费用上也能节省一大笔。

如何做吊顶设计最省钱？

在家庭装修中，一般吊顶设计会选用轻钢架吊顶和木作吊顶，它们两者之间的价格不同，施工时间也有不同。一般来说，木作吊顶的价格在 3000～3800 元之间。木作价格偏贵，装修效果比较好，但进行木作吊顶施工比较耗费时间，施工每 50 平方米大概需要 2 天以上；相对于木作吊顶，轻钢架吊顶的价格一般在 1600～2000 元之间。轻钢架吊顶比较有现代气息，在家庭装修中使用范围比较广，进行轻钢架吊顶施工比较简单，施工时间也比较短，施工每 50 平方米大概半天即可完成。如果业主需要最大化地节约装修费用并创造出一个现代化的空间，则不妨选用轻钢架吊顶。

 如何做照明设计最省钱？

①使用高光效的光源。一般除了气氛性效果营造选用白炽灯外，其他空间均以高光效的三基色荧光灯为空间提供照明，这样既节能又节省了装修资金。

②使用低能耗的电器。荧光灯都需要搭配镇流器才能正常使用，在电器的选择上尽量以自身能耗低、功率因素高的电子镇流器使用为主，以减少后期家居生活中的用电浪费。

③针对空间特性应用不同灯具。像走道等人走即关灯的场所为避免电能的浪费，可选用声光控、红外感应灯具结合节能灯来提供照明，减少不必要的照明用电。

 如何做配饰设计最省钱？

①掌握不同空间的配饰色彩技巧。家装配饰忌软装配饰色彩凌乱，配搭不当。同一房间色彩不宜过多，不同房间可分别置色，忌花里胡哨、紊乱无序。

②自己动手 DIY。自己动手进行家装配饰设计，可以发挥出自己独有的想象力，用插花或者鲜花装饰房间，会让房间显得更有活力，也会让房间显得温馨典雅。还可以利用一些废弃的物品制作装饰品。

③家装配饰设计要适当。家装配饰忌不实用，居家过日子应讲究实用、经济、美观，应尽量避免那些中看不中用的东西。比如，矮柜是种漂亮的软装，但其储藏空间有限，若居室面积很小，它就显得不合适。

Chapter 2 没有不知道的省钱妙招

去哪些地方买建材比较省钱？

类别	内容
建材商场	可以去一些国内比较知名的建材商场等，这些商场对产品都有严格的品牌、质量、售后服务监督措施。当然品牌大的价格也相对较高
建材市场	在建材市场大家会发现各种产品种类非常多，且价格灵活，砍价空间大。但以次充好的也有，在挑选上一定要严谨，以防"打眼"，花冤枉钱

 购买装修材料时怎样砍价来达到省钱效果？

①一砍到底法。经销商报出价格后，尽量狠砍一刀，如果经销商大呼没钱赚，不妨把价格稍微抬高一点，然后诚恳地说："咱们一人让一步，这个价位就成交吧！"相信有了这样的说法，对方会慎重考虑的。

②赞美砍价法。看中一款建材后，先不要忙着砍价，先对店主或产品进行赞美和恭维，当经销商被恭维得心花怒放时，就可以砍价。在一般情况下，经销商都能把价格降一些。

③引蛇出洞砍价法。当看中一款建材产品时，先不要忙着砍价，而是询问对方有没有另外一个同类产品，而且要确认对方确实没有，一般情况下，对方会当成潜在客户，推荐所看重的产品，为了把货物卖掉，店主都会主动列出价格优势来吸引业主注意。

④声东击西砍价法。看中一件价格适中的产品，先不要讨价，而是先表现出对另外一件价格较高的产品感兴趣，并与销售人员商谈，价格谈得差不多时开始询问想要购买的产品，一般情况下，经销商都会报出一个很低的价位，以体现想要购买的产品的最低价格。此时，如果感觉对方报出的价格合理，便可以当即表示购买，或者再砍砍价，然后当即买下。

148 装修材料上的省钱原则是什么？

在装修中，只要用材适当，就能节省不少费用。例如家中常用到的一些五金配件、某些与人体经常能接触到的地方要用好的产品；而少用、不常用或与人体没有直接接触的地方可稍微用些中低档的产品。

149 哪些项目团购更省钱？

类别	内容
瓷砖、地板类	由于品种较为统一、用量大，使得瓷砖和地板成为团购的重头戏，也是最容易见效益的项目。某些大品牌甚至还专门成立了团购销售部，提供深入小区的特别服务
厨卫设施	很多人装修完算账，发现最大的花销居然是在厨房和卫浴间。的确有一些昂贵的按摩浴缸、坐便器、橱柜，需要花费大量资金；但有甚者水龙头也要以千元来计价，不团购，很容易超支
灯饰	选择综合性的大型灯具商场，洽谈团购，既能够享受低价，又有多种选择
家用电器	不要自行组织团购，直接参加大型网站举办的团购活动。因为电器利润较薄，小批量购买厂家不会给较多折扣，唯有大型门户网站，才能够谈成优惠力度足够的团购价

 150 怎样从用料的选择中省钱？

在材料选择上并不是越贵越好，而是要选择自己喜欢的适合装修风格的材料。装修一般从泥水工开始，泥水工方面唯一能省钱的就是瓷砖。

例如：最便宜的墙砖为规格 200 毫米 ×300 毫米的釉面砖（瓷砖的密度要有所要求，否则会有水泥从后面渗透至面层的恐怖后果），地砖为 300 毫米 ×300 毫米的防滑砖，这种砖一般很少出问题。

 151 墙面壁纸和墙面涂料哪个更省钱？其优缺点如何？

墙面壁纸和墙面涂料，相对而言，墙面涂料较为省钱。涂料的价格差一般都不会很大，但是壁纸的价格差比较大。装修时可以把工程量算出来，看涂料和壁纸的价格差有多少，然后可以根据预算再确定是使用壁纸还是涂料。

壁纸与涂料的优缺点对比		
类别	优点	缺点
涂料	质量合格的涂料健康环保，并且运输和储存方便，不需防腐剂	墙面涂料的颜色会比较单调一些。另外，涂料对施工也有一定的要求，施工不过关，墙面很容易出现裂缝等问题
壁纸	颜色多样化，而且有比较多的花色，能给家里的装修带来不一样的感觉变化，而且更换很简单	壁纸的拼缝需要处理得很好，特别是拼花的时候，如果对缝不好，以后也会出现小缝

 如何在装修的各个环节省钱？

①尽可能少动用到人工。在整个装修预算中，材料其实才占了30%，各种师傅的工资占了60%，设计师的设计费占10%，所以只要人工一多，要花的钱自然就会多。

②尽可能少动用到泥作工程。只要动用到任何有关需要水泥的工程，就不可避免地增加花费，比如打一面墙就会衍生出地砖修补、墙面修补、瓷砖修补、油漆修补、木工等工程，可谓牵一发而动全身，一定要三思。

③尽量用现成家具代替木作工程。除了泥作，木工也很耗时，除非需要利用屋内来创造更多的收纳空间，可以请设计师规划，否则建议用现成的家具来代替。

④使用同等级或连工代料的建材。尽可能找有连工代料的配合厂商，如木地板、油漆等，因为这些厂商有时候会推出促销产品，价格通常比直接找建材又得找工人来施工还便宜。

⑤空间不要"乾坤大挪移"。空间的移位会增加水电工程的费用，而且排水管线的移位只要施工稍不注意，在未来最易造成如漏水等问题。

⑥阳台不要外推。虽然只是打掉一面墙，但后续增加的工程却不简单。多数老旧房子都需要靠外推阳台来创造空间，可以另外想办法，例如阳台内墙瓷砖不打掉，直接用油漆处理。

⑦垃圾定期清理。固定时间去工地，除了查看施工情况外，还可顺便把每天所产生的工程废弃物做好分类，可回收的垃圾及垃圾车允许丢弃的每天处理一下，以减少事后垃圾的清运费用。

 如何在半包装修时有效省钱？

包工包辅料是目前采用比较多的半包装修方式，也是介于清包和全包之间的一种方式。半包想省钱，不妨试试以下的方法：

①选择主材时切记不要看花了眼。好东西实在太多，而且每一样单看起来，经济上都可以承受。可短时间内要把这些东西一次性购置到位，经济上的压力也不容小觑。往往大多数人

在这时乱了阵脚，最后预算超支太多。另外则是先买的东西价美质优，而后买的东西则参差不齐。解决办法为先定价格，后选材料，超出预定价位 10% 的材料物品，不要在上面浪费时间。

②根据工程实际用量进行采购。一般来说，最费钱的地方是木工活、橱柜，最容易出现质量问题的地方是水电改造、厨卫防水。多与设计师及材料商沟通，根据自己的费用预算进行调整。到建材市场去逛摊时，当心因图便宜而买到假冒伪劣产品。而到建材超市买东西，最大的优点是价格相当透明，质量也比较有保证，但有些产品的款式、有些品牌的花色容易不全。

⑮ 掌握施工重点能有效省钱吗？

施工工艺做法如何、工人素质的高低等决定着施工项目的质量，同时也直接影响装修的费用。

在装修施工中，了解一些施工重点，能够明了装修中使用的材料用量是多少，以及对材料进行保存的方法等，避免出现材料损坏、材料使用浪费等问题。了解施工重点，可从源头上达到省钱目标。

⑮ 铺贴墙面壁纸有何省钱妙招？

①巧搭配。一些特价的老款壁纸可选用在壁柜、次卧室、书房等不太重要的房间；而新款壁纸则用在玄关、客厅等门面的地方；对于高价的木纤维壁纸或织物壁纸用在主卧室和老人房、儿童房。这样搭着用壁纸就不会造成超支的烦恼。

②精打细算。一般壁纸的长度是每卷 10 米，如果扣减踢脚线高 8.1 厘米，一卷壁纸能贴出 2.55 米高的房间 4 幅。而如果房间的净高度超过 2.55 米，那么只能出 3 幅，每卷剩下 2 米左右的一块损耗，损耗率高达 20%。所以如果房间净高度比较高，那么选择含损耗的铺装方式是十分合算的。

省钱误区篇

⑮ 装修预算可以贪小便宜吗？

很多业主认为装修是件很费资金的事儿，因此觉得贪点小便宜可以省下一部分预算，殊不知这种想法是不可取的。事实上，很多装修上的纠纷都是业主贪小便宜心理造成的。比如，许多业主为了省钱，聘请无牌施工队进行装修；其次，装修公司会在合同该竣工时却迟迟不能完工，施工战线越拖越长；而在环保方面，许多业主在装修结束后几个月还不能入住，因为室内的味道让人不敢正常呼吸。

 157 装修省钱有哪些禁忌？

千万别一边省钱、一边"扔"钱。在瓷砖方面省一省、在吊顶上省一省，可另一方面却购回豪华大浴缸，或是较为昂贵的坐便器。许多人往往会有这种切身体验，到建材市场逛时，往往在商家的宣传下，产品越看越好，价格越来越高，结果，一时心动之下，就买回了超出预算的建材产品。记住，要省钱，首先就要克服心中的欲望，进行有计划的挑选。

 158 "免费设计"真的免费吗？

作为一种促销手段，有很多家装公司提出为客户提供"免费设计"，并逐渐成为一种行业惯例流行至今，因此在大部分业主头脑中也形成了家装设计不收费的概念。但是据了解，目前大多数设计师的收入是根据设计师每接一个家装工程产值的 2% ~ 3% 收取提成，设计的工程越多，提成也就越多，设计师的收入也会随之增加。在这种情况下，设计师为了增加收入，无疑会多接单，由于设计师的精力有限，每一个设计都会被设计师压缩在最短的时间内完成，因此粗制滥造是不可避免的。也由此可以看出"免费设计"并非真的免费，其代价为装修效果差强人意。

 159 家庭装修时可以边装修边设计吗？

很多准业主在拿到新房钥匙后，觉得立刻装修才是省钱王道，而心中还没做好规划，想着可以边装修边设计。从选择装修风格时就开始茫然，不知道哪种风格更适合自己，全凭一时的喜好，边装边看，结果导致装修效果与预想相差甚远，而且装修预算也会超支很多。

准业主们在拿到钥匙后，不要着急装修，应先确定装修风格，包括使用的装饰材料、家具的购买和摆放位置等细节都要做到心中有数。然后结合装修风格、自身的经济能力，确定预算，并在施工过程中尽量控制预算。

 160 照搬别人的装修风格可行吗？

有些业主在装修前往往会在网上找很多漂亮图片，还买了很多时尚家居杂志，用于参考装修新家。但是在装修时，业主把精挑细选的图片拿给设计师看过后，设计师却说没有一个适合的。其实，适当参考与借鉴是必要的，但一味模仿，则完全没有必要。考虑到自家户型的问题和装修费用的问题不妨与设计师及时沟通。在施工之前，准业主应该及时详细地告诉设计师自己的需求，并根据自己家的户型去购买哪些家具、如何摆放这些家具、还需要添置哪些配饰等问题与设计师达成共识，真正装修出适合自己的家。

161 与装修公司谈判时，带内行当参谋能省钱吗？

与家装公司谈判时，当然是最好带内行当参谋。但有两种人应该注意：一种是假内行，一种是做过几年公共工程装修的人，因为公共工程装修与家庭装修有很大的区别，对于家庭装修工程来说，还需找到业内做家庭装修的内行。所谓内行，可以有好几种：一种是自己家刚刚装修过，有一些经验；另一种是与家装行业有些关系，懂得相关知识；还有一种是本身就在业内，是行家。如果选择内行支招的话，一定要合适，才能帮助业主省下钱。

162 找熟人装修真的会省钱吗？

很多业主本着对熟人的信任而选择对方给自己装修，但最后得到的却是材料以次充好、工程质量严重不过关等"回报"。家装行业一直流传着"装修不能找熟人"的传言，类似"宰熟"的说辞更是屡见不鲜。因此，业主在选择装修队伍的时候一定要谨慎，不管是熟人介绍，还是自己物色装修公司，都应该对其曾经施工的工程进行考察。其中包括工人的素质以及工人办事的效率，因为这些在很大程度上影响着工程的质量和能否按时完成装修。

> 不论找什么样的人装修，都是在进行一种经济行为，一定要签好施工协议和相关合约，并严格按照合同办理，以便把可能出现的损失降到最低。

163 二手房装修，业主为节约装修预算可以找"马路施工队"吗？

由于二手房装修的报价与全新房屋装修报价上没有多大的区别，因此一些旧房装修者便会贪图便宜，寻求一些"马路施工队"。其实选择"马路施工队"是没有质量保障的，也没有后期维修，如果碰巧遇到"黑心"的工头，不仅装修费用无法控制，而且装修质量也极有可能不合格。虽然是二手房，但业主万万不可随意找"马路施工队"进行装修，可以选择一些价格施工、信誉有保障的装修公司进行装修。

164 家庭装修中"一步到位"合适吗？

很多人装修新房很容易走入一个误区，总想"一步到位"，做满屋子的柜子和一些固定性的家具，觉得既省事又省钱。客厅里的大沙发面对一个大背景墙或是电视柜；卧室里是衣柜、大床，满眼是不能动的家具，很长一段时间无法再做改变与调整。装修应该随环境改变做相应的调整，应合理划分和利用房屋的空间，考虑到日后可能需要进行重新调整的情况。

家庭装修一定要"留白"，为适应未来变化留有足够的空间。一次性全部完成装修会造成很大的浪费，也会让主人在重新规划房屋时，一方面不知如何设计，另一方面还舍不得丢弃已经过时的家具。

165 房间大就要追求高档的装修效果吗？

有些业主认为房间面积大，只有高档装修才能与之匹配，装修材料上也过分追求高档。实际上，大房间本身就给人一种宽敞、舒适的感觉。因此装修时重要的是实用，在造型、色彩上宜人，而材料上未必需要全面使用高档。在数百平方米的"六面体"上，有一两面（如地面、主墙）使用高档材料即可，其余的则可从简，每平方米省下几十元的装修费，就是个不小的数字。用这省下的钱买些高档大气的家具及电器，则更为实用美观。

166 节约型装修就是要绝对便宜吗？

装修节约不仅是装修时省钱，还要日后使用省心、省力、省事，要不东西坏后进行返修，也会是一件令人不愉快的事情。虽然好东西相对之下没做到"省钱"，但省下的东西，绝对比劣质品多得多。要想节约，总原则是"灵活掌握"。家庭装修一定不要用劣质品，但也不必全用优质品，否则花钱就没有节制。有些地方必须用好材料，有些地方可以用普通材料。

节约还要弄明白自己的实际情况：经济能力和主观愿望。若是就想装的豪华奢侈，也要结合自身的经济能力。知道自己要什么样的家，然后从容地进行装修，才能避免花冤枉钱、避免上当、避免看见好东西想要购买的冲动，从而最大限度地抑制浪费。

高档涂料等于高档涂装效果吗?

在进行家庭装修时，业主为了安全起见，或者是达到某种装修效果，常常会想到采用高档涂料。但孰不知高档涂料是一回事，涂装效果则是另一回事。因为影响涂装效果除了涂料外，涂装的基层材料"腻子"也可以影响到其涂装效果。涂装行业内有一句老话叫作"三分面，七分底"，意思就是指面层材料所起的作用只占质量的三成，而基层材料所起的作用则占到七成。一般来说，基层材料所起的作用主要是牢固、平整与光滑。在此基础上，面层材料所起的作用主要是"着色"，即赋予表面色彩，起到美化装饰作用。如果基层很好，面层即使是中档材料，也近似高档涂装；相反，如果基层很差，即使面层是高档材料，也只能做出中低档的涂装。由此看来，与其花高价买高档涂料，不如多放些精力监督施工工人打基层。

 艺术喷绘会提高装修预算吗?

由于利用艺术喷涂来做背景墙，在色彩上可以给人带来强力的视觉感，不同的颜色形成对比，打破墙面的单调，因此很多业主也会对此装修效果蠢蠢欲动，但却纠结于这样的一面艺术喷绘墙会不会太贵。其实，喷涂技术制作出的各种墙面按平方米来收费，包工包料价格在 50～300 元，也有根据绘画的图案来最终确定价格的。总体来说，艺术喷涂形成的装修效果与价格来比，性价比还是很高的。

 墙面壁纸用多少买多少就可以省钱吗?

有些业主为了省钱，在家居装修选购壁纸时，用多少买多少，到后来却因为施工等问题，造成了壁纸不够用，需要补货，出现这种情况的时候，就证明已经在浪费资金了。

 选购壁纸的时候，一定要一次性购买充足，因为壁纸在铺贴时，很容易出现因施工问题产生的浪费。另外，不同批次的壁纸还会存在略微的色差。因此在选购壁纸时，应多买一卷，以备不时之需。这样购买看似多花了钱，实际上却比日后不够用，需要补货要划算得多。

 进口板材真的好吗?

现在很多业主非常迷信进口板材，认为选进口材料质量好。其实，木材的生长和本质特征只是跟它的生存环境有关，而且现在国内在一些板材的生产技术上，并不比国外厂商落后，甚至还强于一些厂商。更为重要的是，有些国家对于板材的标准认定也可能比国内的更低，但是一旦进口，很多人就几乎不加选择地认为其是优质货，从而花费了不少冤枉钱。

171 在家装中要在大芯板上省钱吗？

有些业主习惯在材料上省钱，但家装时或多或少用到的大芯板，其质量直接关系到室内甲醛的含量，所以是绝不能省钱的材质。购买大芯板最好是去建材超市，质量有保证。普通建材城的大芯板从每张 25 元到每张 125 元都有，如果没有足够的建材经验，是很难确保买的是高质量产品。

> 普通家庭装修大芯板的用量不会超过 10 张，所以即使买最贵的大芯板，总价也能控制在 1500 元以内，所以建议买单张价格在 125 元以上的大芯板，环保并且质量有保证，同时不会增加过多的工程预算。

172 旧房装修中应该选择地板翻新吗？

在旧房的装修中，由于地板翻新造价相对便宜，不少业主打算将家里的旧地板全部翻新。但是只有表层厚度达到 4 毫米的实木地板、实木复合地板和竹地板才能进行翻新。此外，局部翻新还会造成地板间的新旧差异，因此业主不应盲目对地板进行翻新。

173 家庭装修时有必要全部用全新的材料吗？

一些二手房的原门、窗都是做好门套、窗樘的，材料可能比新买的要好，就算是花式过时，其实重新上漆后这些门窗也很好用，如此一来拆除费用也省下来。不妨把被泥工切碎的墙瓷砖也利用起来，贴在柜子背后等角落，这样既不影响美观，又省下了一部分瓷砖钱。

174 家居中只装修不布置饰品好吗？

有些业主认为既然花了大量资金装修，就没必要再做多余的饰品布置，否则既浪费钱财，又掩盖了装修好的地方，破坏了装修的整体效果。其实这样的想法是有失偏颇的。实际上，只要室内装饰品的色彩与造型符合自己的爱好，并与室内其他物品的整体风格保持一致，是可以为居室增辉的，而且并不会造成经济上承受不起的问题，价廉物美的小饰品还可以起到增添生活情趣的作用。

175　订购家具是否省钱？

从省钱角度讲，如果厂家的信誉口碑很不错，那么定做家具是很划算的。值得一提的是，做一套家具要比做一件更划算，因为做一整套家具能最大限度地利用材料，只做一件，不可避免就要造成材料的浪费，而浪费掉的这些材料实际也是计入预算中的。所以如果打算定做家具的话，最好做一个完整的计划，所有的家具都定做，找一个可靠的厂家，选定一种较为环保的主材，实施整体定做，这样下来会发现，比购买成品会便宜不少。但是如果前期规划不足，则起不到省钱的作用，甚至还会因为返工而造成资金浪费。

176　家庭装修中有必要做节能吗？

虽说现在住房的设计越来越人性化，但大多数住宅都还不是节能住宅，很多业主也不会把节能考虑在装修中，认为会花费大量资金。实际上，家居生活中能源消耗会占很大的比重，特别是在夏天，水、电的用量都在不断攀升。因此，业主在装修前就应从细节入手，利用装修进行节能改造，既能提高居住舒适性和安全性，又能降低使用过程中的费用。

177　等到装修全部结束之后再验收，省时省钱吗？

很多业主觉得验收就是装修全部做完之后，到居室之中检查下各项工程是否符合自己的要求即可。表面上看这样做既省时又省事。殊不知如果上一项工程没有做好收尾，则很有可能影响下一项工程，这样造成的返工不仅费时，还费钱。

> 要验收之前一定要对各项工程的流程做一个大概的了解，因为装修工程是接力或同时进行的。因此，有些工程最好边施工边验收，这样做看似浪费时间，实际上可以在最初避免施工纰漏，在第一时间把钱省下来。

178　为了节约时间成本，装修后的房子可以马上入住吗？

装修完成并验收后的房子很有可能存在空气质量问题，如果马上入住，可能会对业主的身体健康产生一定影响，甚至致病。那样的话，不仅人们的身体会受到病痛折磨，也意味着需要更多的金钱来治疗病痛。这样的选择实际上是得不偿失的。事实上，装修后房屋要经过室内空气质量的检测验收，一般建议业主在房子装修好后，不要急于入住，最少要空置通风一两个月。而且，有条件的家庭最好在装修完毕之后做室内空气质量检测，验收检测、治理合格之后再入住。

Chapter 3

没有不知道的选材技巧

179 家庭装修中，木龙骨该如何应用？

根据使用部位不同而采用不同尺寸的截面	
吊顶、隔墙的主龙骨截面尺寸	50 毫米 ×70 毫米或 60 毫米 ×60 毫米
次龙骨截面尺寸	40 毫米 ×60 毫米或 50 毫米 ×50 毫米
用于轻质扣板吊顶和实木地板铺设的龙骨截面尺寸	30 毫米 ×40 毫米或 25 毫米 ×30 毫米

 180 木龙骨该如何选购？

序号	概述
1	新鲜的木方略带红色，纹理清晰，如果其色彩呈暗黄色，无光泽，则说明是朽木
2	看所选木方横切面大小的规格是否符合要求，头尾是否光滑均匀，前后不能大小不一
3	看木方是否平直，如果有弯曲也只能是顺弯，不许呈波浪弯。否则使用后容易引起结构变形、翘曲
4	要选木节较少、较小的杉木方，如果木节大而且多，钉子、螺钉在木节处拧不进去或者钉断木方，会导致结构不牢固，而且容易从木结处断裂
5	要选没有树皮、虫眼的木方，树皮是寄生虫栖身之地，有树皮的木方易生蛀虫，有虫眼的也不能用。如果这类木方用在装修中，蛀虫会吃掉所有能吃的木质
6	要选密度大的木方，用手拿有沉重感，用手指甲抠不会有明显的痕迹，用手压木方有弹性，弯曲后容易复原，不会断裂
7	最好选择加工结束时间长一些，且不是露天存放的，这样的龙骨比刚刚加工完的含水率相对会低一些

家庭装修中，轻钢龙骨该如何应用？

吊顶龙骨由承载龙骨（主龙骨）、覆面龙骨（辅龙骨）及各种配件组成。主龙骨分为38、50 和 60 三个系列，38 用于吊点间距 900～1200 毫米不上人吊顶，50 用于吊点间距 900～1200 毫米上人吊顶，60 用于吊点间距 1500 毫米上人加重吊顶；辅龙骨分为 50、60 两种，它与主龙骨配合使用。墙体龙骨由横龙骨、竖龙骨及横撑龙骨和各种配件组成，有 50、75、100 和 150 四个系列。

 轻钢龙骨该如何选购？

序号	概述
1	轻钢龙骨外形要笔直平整，棱角清晰且没有破损或凹凸等瑕疵，在切口处不允许有毛刺和变形
2	轻钢龙骨外表的镀锌层不允许有起皮、起瘤、脱落等质量缺陷
3	优等品不允许有腐蚀、损伤、黑斑、麻点；一等品或合格品要求没有较严重的腐蚀、损伤、黑斑、麻点，且面积不大于 1 平方厘米的黑斑每米内不多于 3 处
4	家庭吊顶轻钢龙骨主龙骨采用 50 系列完全够用，其镀锌板材的壁厚不应小于 1 毫米。不要轻易相信商家规格大质量才好的说法

 家庭装修中，铝合金、烤漆龙骨该如何应用？

铝合金和烤漆龙骨都主要用作居室的吊顶设计。常用铝合金龙骨一般为 T 形，根据面板的安装方式不同，分为龙骨底面外露和不外露两种，并有专用配件供安装时使用。烤漆饰龙骨以彩色线条加以装饰，效果也非常不错。

 铝合金、烤漆龙骨该如何选购？

在选购铝合金、烤漆龙骨时，一定要注意其硬度和韧度。因为铝合金、烤漆龙骨的硬度和韧度都比轻钢龙骨高，如达不到硬度标准，则容易造成吊顶在安装过程中下沉、变形，所以还不如选择轻钢龙骨，但轻钢龙骨的缺点是成本偏高。

 木线该如何应用？

木质线条造型丰富，式样雅致，做工精细。从形态上一般分为平板线条、圆角线条、槽板线条等。主要用于木质工程中的封边和收口，可以与顶面、墙面和地面完美地配合，也可用于门窗套、家具边角、独立造型等构造的封装修饰。

 木线该如何选购？

序号	概述
1	选择有合格证、正规标签、电脑条码齐全的产品，并可向经销商索取检验报告
2	选购木制装饰线条时，应注意含水率必须在 11% ~ 12%
3	木线分为未上漆木线和上漆木线。选购未上漆木线应先看整根木线是否光洁、平实，手感是否顺滑、有无毛刺。尤其要注意木线是否有节疤、开裂、腐朽、虫眼等现象。选购上漆木线，可以从背面辨别木质、毛刺多少，仔细观察漆面的光洁度，上漆是否均匀，色度是否统一，是否存在色差、变色等现象
4	提防以次充好。木线也分为清油和混油两类。清油木线对材质要求较高，市场售价也较高。混油木线对材质要求相对较低，市场售价也较低
5	季节不同，购买木线时也要注意。夏季时尽量不要在下雨或雨后一两天内购买。冬季时的木线在室温下会脱水收缩变形，购买时尺寸要略宽于所需木线宽

 石膏线该如何应用？

石膏线条以石膏为主，加入骨胶、麻丝、纸筋等纤维，增强石膏的强度，用于室内墙体构造角线、柱体的装饰。

 石膏线该如何选购？

①看断面。成品石膏线内要铺数层纤维网，这样石膏附着在纤维网上，就会增加石膏线的强度。劣质石膏线内铺网的质量差，未满铺或层数很少，甚至以草、布代替，这样都会减弱石膏线的附着力，影响石膏线质量，而且容易出现边角破裂，甚至断裂的现象。

②看图案花纹的深浅。在安装完毕后，还需要经表面的刷漆处理，由于其属于浮雕性质，表面的涂料占有一定的厚度，如果浮雕花纹的凹凸小于 10 毫米，那么装饰出来的效果很难有立体感，就好似一块平板，从而失去了安装石膏线的意义。

③看表面的光洁度。由于安装石膏线后，在刷漆时不能再进行打磨等处理，因此对表面光洁度的要求较高。只有表面细腻、手感光滑的石膏线在安装刷漆后，才会有好的装饰效果。如果表面粗糙、不光滑，安装刷漆后就会给人一种粗糙、破旧的感觉。

④看产品厚薄。石膏属于气密性胶凝材料，因此石膏线必须具有一定的厚度，才能保证

其分子间的亲和力达到最佳程度，从而保证其有一定的使用年限和在使用期内的完整、安全。如果石膏线太薄，不仅使用年限短，而且容易存在安全隐患。

⑤看价格高低。由于石膏线的加工属于普及性产业，相对的利润差价不是很高，所以可说是一分钱一分货。与优质石膏线的价格相比，低劣的石膏线价格便宜 1/3 ～ 1/2。这一低廉价格虽然极具吸引力，但往往在安装使用后便明显露出缺陷，造成遗憾。

 189 电线该如何应用？

类别	内容
主线	选用 2.5 平方毫米铜线
空调线	不得小于 4 平方毫米，且每台空调都要单独走线
电话线、电视线等信号线	不能跟电线平行走线
照明用线	选用 1.5 平方毫米铜线
插座用线	选择 2.5 平方毫米铜线

190 电线该如何选购？

①看标志。看成卷的电线包装牌上有无中国电工产品认证委员会的"长城标志"和生产许可证号；再看电线外层塑料皮是否色泽鲜亮、质地细密，用打火机点燃应无明火。非正规产品使用的是再生塑料，色泽暗淡，质地疏松，能点燃明火。

②看长度、比价格。如 BVV2×2.5 每卷的长度是 100±5 米，市场售价 280 元左右；非正规产品长度多在 60 ～ 80 米不等，有的厂家把绝缘外皮做厚，使内行人士也难以看出问题。但可以数一下电线的圈数，然后乘以整卷的半径，就可大致推算出长度，该类产品价格在 100 ～ 130 元之间；其次可以要求商家剪一个断头，看是否为铜芯材质。2×2.5 铜芯直径为 1.784 毫米，可以用千分尺量一下。正规产品电线使用精红紫铜，外层光亮而稍软。非正规产品铜质偏黑而发硬，属再生杂铜，电阻率高，导电性能差，会升温而且不安全。其中 BVV 是国家标准代号，为铜质护套线，2×2.5 代表 2 芯 2.5 平方毫米；4×2.5 代表 4 芯 2.5 平方毫米。

③看外观。在选购电线时应注意电线的外观应光滑平整，绝缘和护套层无损坏，标志印字清晰，手摸电线时无油腻感。

④看截面。业主在选购电线时应注意导体线径是否与合格证上明示的截面相符，若导体

截面偏小，容易使电线发热引起短路。建议家庭照明线路用电线采用1.5平方毫米及以上规格；空调、微波炉等用功率较大的家用电器应采用4平方毫米及以上规格的电线。

191 水泥该如何应用？

在室内装修中，地砖、墙砖粘贴以及砌筑等都要用到水泥砂浆，它不仅可以增强面材与基层的吸附能力，而且还能保护内部结构，同时可以作为建筑毛面的找平层。普通水泥容重通常采用1300千克／平方米。水泥的颗粒越细，硬化的速度也就越快，早期强度也就越高。常用水泥的强度等级有32.5级、42.5级、52.5级、62.5级等几种，其抗拉强度取决于品种和强度等级的不同。

192 水泥强度和生产时间有什么关系？

水泥也有生产日期，超过有效期30天的水泥性能有所下降。储存三个月后的水泥其强度下降10%～20%，六个月后降低15%～30%，一年后降低25%～40%。如果工人告诉你，一天前的瓷砖仍能够起来更换等，那么这种水泥质量一定很差，在2～3个月后，部分瓷砖可能会起鼓、脱落。

193 水泥325和425有什么区别？

一般425以上的水泥要打块做测试才可以使用，常用于打过梁，浇筑使用；而325的水泥只适用于拉毛和简单铺设。所以并不是型号越大越好，而要根据用途而定。此外，425水泥强度高，固化速率比较快；325水泥强度低，固化速率比较慢。由于425水泥拉力比较强，凝固速度比较快，因此容易把瓷砖拉裂，所以用325的贴瓷砖较好；而浇水泥地一定要425以上的，这样地面才不易起沙。

194 如何选购水泥？

序号	概述
1	水泥的纸袋包装完好，标识完全。纸袋上的标识有：工厂名称、生产许可证编号、水泥名称、注册商标、品种（包括品种代号）、标号、包装年、月、日和编号。不同品种水泥采用不同颜色标识
2	用手指捻水泥，感到有少许细、砂、粉的感觉，表明水泥细度正常
3	色泽是深灰色或深绿色；如果色泽发黄、发白，这样的水泥强度是比较低的

序号	概述
4	无受潮结块现象
5	在 6 小时以上能够凝固为优质水泥，超过 12 小时仍不能凝固的水泥质量较差

 铝塑复合管该如何应用？

　　铝塑复合管有较好的保温性能，内外壁不易腐蚀，因内壁光滑，对流体阻力很小；又可随意弯曲，所以安装施工方便。作为供水管道，铝塑复合管有足够的强度，但若横向受力太大，则会影响强度，所以宜作明管施工或埋于墙体内，不宜埋入地下。

 铝塑复合管该如何选购？

序号	概述
1	检查产品外观，品质优良的铝塑复合管，一般外壁光滑，管壁上商标、规格、适用温度、米数等标识清楚，厂家在管壁上还打印了生产编号，而伪劣产品一般外壁粗糙、标识不清或不全、包装简单、厂址或电话不明
2	细看铝层，好的铝塑复合管，在铝层搭接处有焊接，铝层和塑料层结合紧密，无分层现象，而伪劣产品则不然

 PP-R 管该如何应用？

序号	概述
1	建筑物的冷热水系统，包括集中供热系统
2	建筑物内的采暖系统、包括地板、壁板及辐射采暖系统
3	可直接饮用的纯净水供水系统
4	中央（集中）空调系统
5	输送或排放化学介质等工业用管道系统

 PP-R 管该如何选购？

　　① PP-R 管有冷水管和热水管之分。但无论是冷水管还是热水管，管材的材质应该是一样的，其区别只在于管壁的厚度不同。

②注意冷热水管的材质。一定要注意，目前市场上较普遍存在管件、热水管用较好的原料，而冷水管却用 PP-B（PP-B 为嵌段共聚丙烯）冒充 PP-R 的情况。不同材料的焊接因材质不同，焊接处极易出现断裂、脱焊、漏滴等情况，在长期使用下成为隐患。

③应注意管材上的标识。产品名称应为"冷热水用无规共聚聚丙烯管材"或"冷热水用 PP-R 管材"，并有明示执行的国家标准"克 B/T18742-2002"。当发现产品被冠以其他名称或执行其他标准时，应引起注意。

 199 可用于地板采暖的塑料管和复合管有哪几类？

可用于地板采暖的塑料管材有：交联聚乙烯管（PE-X）、交联铝塑复合管（XPAP）、耐热聚乙烯管（PE-RT）、无规共聚聚丙烯管（PP-R）、嵌段共聚聚丙烯管（PP-B）和聚丁烯管（PB）等。

 200 上下水使用什么样的管材质量最优？

目前国际上使用最多的是铜管。铜管无论在抗高低温、强度、环保和卫生方面都有明显优势。铜管在发达国家或地区的给排水系统中都占垄断地位。但是在国内，铜管的使用率一直不高。

由于镀锌管易生锈、积垢、不保温，而且会发生冻裂，将被逐步淘汰。目前使用最多的是塑铝复合管、塑钢管、PP-R 管。这些管子有良好的塑性、韧性，而且保温不开裂、不积垢，采用专用铜接头或热塑接头，质量有保证，能耗少。不过目前 PP-R 管的伪劣产品很多，市场很不规范，千万不能贪便宜。

 201 白乳胶该如何应用？

白乳胶广泛应用于印刷业，如木材粘接、建筑业、涂料等许多方面。在室内装饰装修工程中一般用于木制品的粘接和墙面腻子的调和，也可用于粘接壁纸、水泥增强剂、防水涂料及木材粘接剂等。

 202 白乳胶该如何选购？

序号	概述
1	在选购白乳胶时，要选择名牌企业生产的产品，要看清包装及标识说明。注意胶体应均匀，无分层，无沉淀，开启容器时无刺激性气味
2	选择名牌企业生产的产品及在大型建材超市销售的产品，因为大型建材超市讲信誉、重品牌，有一套完善的进货渠道，产品质量较为可靠，价位也相对合理

瓷砖填缝剂该如何选购？

序号	概述
1	一般而言，铺贴亮光的墙砖和玻化砖适合用无沙的填缝剂；铺贴哑光砖和仿古地砖适合选用有沙的填缝剂
2	填缝剂的颜色要和砖面的颜色接近，特殊效果除外
3	越窄的缝对填缝剂的和易性要求越高，越宽的缝对填缝剂的收缩量限制越严
4	填缝剂具有防水、防油、防污等效果，环保、安全无毒，因此选购的时候一定要认准这些功效
5	输送或排放化学介质等工业用管道系统

 腻子粉该如何选购？

①看。好的腻子看上去精白细腻、无硬块；劣质腻子则发黄、粗糙、有受潮硬块。好的厂家在包装上比较重视品牌展示，证书（包括检测报告）应权威可靠；一些小厂则往往马虎了事。

②闻。好的腻子闻起来不刺鼻，比较自然；而劣质腻子则有比较重的白灰味、呛鼻。

③问。向品牌设计公司、设计师或装修过的朋友和邻居打听，然后上网潜水看别人的吐槽，对于辅材而言，口碑很重要。

④试。最后就是现场试验，刮一点腻子，然后试。好的腻子既好刮，摸起来也光滑细腻，用指甲划一下，只有浅浅的痕迹，劣质的腻子会比较难刮，显粗糙，一划一道深痕。喷点水再用手擦，好的腻子基本不掉粉，差的一摸就是满手白粉。

 地板材料篇

 实木地板可以分为几个等级？

实木地板分AA级、A级、B级三个等级，AA级质量最高。由于实木地板的使用相对比较娇气，安装也较复杂，尤其是受潮、暴晒后易变形，因此选择实木地板要格外注重木材的品质和安装工艺。

206 实木地板该如何选购？

①识别实木地板材种。有的厂家为促进销售，将木材冠以各式各样不符合木材学的美名，如"金不换""玉檀香等"；也有厂家以低档充高档木材，业主一定不要为名称所迷惑，应弄清材质，以免上当。

②挑选板面、漆面质量，检查基材的缺陷。检查实木地板漆膜的光洁度，有无气泡，是否漏漆以及耐磨度等。看实木地板是否有死节、活节、开裂、腐朽、菌变等缺陷。

③确定合适的长度、宽度。实木地板并非越长、越宽越好，建议选择中短长度的地板，不易变形；反之长度、宽度过大的木地板相对容易变形。

④观测实木地板的精度。一般实木地板开箱后可取出 10 块左右徒手拼装，观察企口咬合，拼装间隙，相邻板间高度差。若严格合缝，手感无明显高度差即可。

⑤测量实木地板的含水率。国家标准规定木地板的含水率为 8% ～ 13%。购买时先测展厅中选定的木地板含水率，然后再测未开包装的同材种、同规格的木地板的含水率，如果相差在 2% 以内，可认为合格。

⑥确定实木地板的强度。一般来讲，木材密度越高，强度越大，质量越好，价格也就越高。但不是家庭中所有空间都需要高强度的地板，客厅、餐厅等人流活动大的空间可选择强度高的品种，如巴西柚木、杉木等；而卧室则可选择强度相对低些的品种，如水曲柳、红橡、山毛榉等；老人住的房间则可选择强度一般，却十分柔和温暖的柳桉、西南桦等。

⑦注意销售服务。选择品牌信誉好、美誉度高的企业购买，除了质量有保证之外，正规企业对产品有一定的保修期，凡在保修期内发生的翘曲、变形、干裂等问题，厂家负责修换，可免去业主的后顾之忧。

 207 实木地板该如何保养？

序号	概述
1	保持地板的整洁、干净，避免硬的或颗粒状的物品划坏地板，可以用吸尘器来吸附灰尘
2	注意防晒防水，擦洗时一定要将抹布拧干
3	铺装好之后还要经常打蜡、上油，否则地板表面的光泽很快就会消失

 208 实木复合地板该如何选购？

序号	概述
1	实木复合地板各层的板材都应为实木，而不像强化复合地板以中密度板为基材，两者无论在质感上还是价格上都有很大区别

序号	概述
2	实木复合地板的木材表面不应有夹皮树脂囊、腐朽、死节、节孔、冲孔、裂缝和拼缝不严等缺陷；油漆应饱满，无针粒状气泡等漆膜缺陷；无压痕、刀痕等装饰单板加工缺陷
3	木材纹理和色泽应和谐、均匀，表面不应有明显的污斑和破损，周边的榫口或榫槽等应完整
4	并不是板面越厚，质量越好。三层实木复合地板的面板厚度以 2～4 毫米为宜，多层实木复合地板的面板厚度以 0.3～2 毫米为宜
5	实木复合地板的价格高低主要是根据表层地板条的树种、花纹和色差来区分的。表层的树种材质越好，花纹越整齐，色差越小，价格越贵；反之，树种材质越差，色差越大，表面节疤越多，价格就越低
6	购买时挑几块试拼一下，观察地板是否有高低差，较好的实木复合地板其规格尺寸的长、宽、厚应一致，试拼后，其榫、槽接合严密，手感平整，反之则会影响使用。同时也要注意看它的直角度、拼装离缝度等
7	注意实木复合地板的含水率，因为含水率是地板变形的主要因素。可向销售商索取产品质量报告等相关文件进行查询
8	由于实木复合地板需用胶来粘合，所以甲醛的含量也不应忽视，在购买时要注意挑选有环保标志的优质地板。可向销售商索取产品质量测试数据，我国国标已明确规定，采用穿孔萃取法测定小于 40 千克／100 克以下的均符合国家标准。或从包装箱中取出一块地板，用鼻子闻一闻，若闻到一股强烈刺鼻的气味，则证明板材中甲醛浓度已超过标准，要小心购买

 209 强化复合地板该如何选购？

①检测耐磨转数。衡量强化复合地板质量的一项重要指标。一般而言耐磨转数越高，地板使用的时间越长，强化复合地板的耐磨转数达到 1 万转为优等品，不足 1 万转的产品，在使用 1～3 年后就可能出现不同程度的磨损现象。

②观察表面质量是否光洁。强化复合木地板的表面一般有沟槽型、麻面型和光滑型三种，本身无优劣之分，但都要求表面光洁无毛刺。

③注意吸水后膨胀率。此项指标在 3% 以内可视为合格，否则地板在遇到潮湿，或在湿度相对较高、周边密封不严的情况下，就会出现变形现象，影响正常使用。

④注意甲醛含量。按照国家标准，每 100 克地板的甲醛含量不得超过 40 克，如果超过 40 克属不合格产品。其中 A 级产品的含量应低于 9 克/100 克。

⑤观察测量地板厚度。目前市场上强化复合地板的厚度一般在 6 ～ 18 毫米，同价范围内，选择应以厚度厚些为好。厚度越厚，使用寿命相对越长，但同时要考虑家庭的实际需要。

⑥观察企口的拼装效果。可拿两块地板的样板拼装一下，看拼装后企口是否整齐、严密，否则会影响使用效果及功能。

⑦用手掂量地板重量。地板重量主要取决于其基材的密度，基材决定着地板的稳定性以及抗冲击性等诸项指标。因此基材越好，密度越高，地板也就越重。

⑧查看正规证书和检验报告。选择地板时一定要弄清商家有无相关证书和质量检验报告。如 ISO9001 国际质量认证证书、ISO14001 国际环保认证证书以及其他一些相关质量证书。

210　强化地板是越厚越好还是越薄越好？

市场上流传一种说法，强化地板 12 毫米好于 8 毫米的，国内一些商家把强化木地板的脚感不佳、有声响，归咎于地板的厚度不够，这是误导。实际上地板硬和响声的主要原因是基材密度高和直接接触地面。而密度高正是强化木地板使用寿命长的根本，并且现在已经有方法来有效改善强化木地板的脚感和响声。

强化木地板的最佳厚度为 8 毫米，如果地板加厚，基材成本会随着木质纤维的增加而提高，12 毫米的成本通常是 8 毫米厚地板的 1.3 倍以上。然而，现在 12 毫米厚的强化木地板的价格并不高，原因是企业为了使地板的价格更有竞争力，采用低于规定密度的基材，甚至是劣质基材，不仅物理性能差，更可怕的是甲醛严重超标。使用劣质基材的地板会随着室内温度和湿度的变化，短期内地板产生变形，损坏严重，而且危害家人的健康。另外，对使用标准采暖系统的家庭来说，加厚地板的热传导性能大大降低，因此，业主要理性看待强化木地板的厚度，避免盲目选择。

211　家庭中使用软木地板有什么优势？

软木原料在制成地板时，经过加压处理，比重从 70 千克 / 平方米增加到 550 千克 / 平方米，其稳定性能完全可以达到地板的要求。即使特别重的家具压在上面形成微小的压痕，也可以在重物撤去后恢复原状。当人走在上面，脚步与地面接触时，软木地板就将脚步轻微地吸附在地面上，减少了脚步与地板间的相对位移，减少了摩擦，从而延长了地板的耐磨度和使用寿命，更起到了减噪、吸声的作用。

序号	概述
1	用眼观察地板砂光表面是否很光滑，有无鼓凸的颗粒，软木的颗粒是否纯净
2	从包装箱中随便取几块地板，铺在较平整的地面上，拼装起来后看其是否有空隙或不平整，依此可检验出软木地板的边长是否平直
3	将地板两对角线合拢，看其弯曲表面是否出现裂痕，如有裂痕则尽量不要购买。依此可检验出软木地板的弯曲强度

 213 竹木地板用于家庭铺装有什么优势？适合用于哪些家居空间？

竹地板的外观自然清新、纹理细腻流畅，又有防潮、防湿、防蚀以及韧性强、有弹性等特性。另外，由于该地板芯材采用了木材作原料，故其稳定性极佳，结实耐用，脚感好，隔声性能好。除了上述优点外，竹木地板最突出的优点便是冬暖夏凉。竹子自身并不生凉防热，但由于导热系数低，就会体现出这样的特性。让人无论在什么季节，都可以舒适地赤脚在上面行走，特别适合铺装在老人、儿童的卧室。

> 竹木地板虽然经干燥处理，减少了尺寸的变化，但因其竹材是自然型材，所以它还会随气候干湿度变化而有变形。因此，在北方地区干燥季节，特别是开暖气时，室内需要通过不同方法调节湿度，如采用加湿器或暖气上放盆水等；南方地区梅雨季节，要开窗通风，保持室内干燥。否则，可能出现变形。竹木地板应尽量避免阳光暴晒和雨水淋湿，若遇水应及时擦干。

 214 竹木地板该如何选购？

序号	概述
1	观察竹木地板表面的漆上有无气泡，是否清新亮丽，竹节是否太黑，表面有无胶线，然后看四周有无裂缝，有无批灰痕迹，是否干净整洁等
2	质量好的产品表面颜色应基本一致，清新而具有活力。比如本色竹木地板的标准色是金黄色，通体透亮。而碳化竹木地板的标准色是古铜色或褐红色，颜色均匀有光泽感。但无论是本色，还是碳化色，其表层都会有较多而且致密的纤维管束分布，纹理清晰。也就是说，表面应是刚好去掉竹青，紧挨着竹青的部分

序号	概述
3	注意竹木地板是否是六面淋漆，由于竹木地板是绿色自然产品，表面带有毛细孔，存在吸潮可能从而会引发变形，所以必须将四周、底、表面全部封漆
4	用手拿起一块竹木地板，首先，若拿在手中感觉较轻，说明采用的是嫩竹，若眼观其纹理模糊不清，说明此竹材是不新鲜是较陈的竹材。其次，看地板结构是否对称平衡，可从竹地板的两端断面来判断其是否符合对称平衡原则，若符合，结构就稳定。最后，看地板层与层间胶合是否紧密，可用两手掰，看其层与层之间是否存在分层
5	要选择有生产厂家、品牌、产品标准、检验等级、使用说明、售后服务等资料齐全的产品。如果资料齐全的话，说明此企业是具有一定规模的正规企业，一般不会出现质量问题。即使出现问题，业主也有据可查

215 竹木地板的"竹龄"与"厚度"有什么关系？

竹木地板以其优越的性能吸引了不少人的眼球，但许多并不了解竹木地板的人在挑选与购买时特别容易陷入一些误区，比如人们常常认为竹子越老、地板越厚越好，而好的竹地板基材应选择竹龄在 4 ～ 6 年之间的南竹。同时，由于竹材本身抗弯强度高于木材，15 毫米厚的竹木地板已有足够的抗弯、抗压和抗冲击强度，脚感也较好。而有的厂商则为迎合业主越厚越好的心态，不去青、不去黄，竹片胶合后，虽然竹地板厚度可达 17 ～ 18 毫米，但胶合强度不好，反而容易开裂。质量上乘的竹木地板则是将竹生两面竹青、竹黄粗刨去之后，为使竹片组坯胶合严密，还要对其进行精刨，厚度和宽度的公差控制在 0.1 毫米之内，用于粘连竹坯的胶粘剂也会在高温作用下迅速固化，胶合度极强。

216 塑料地板用于家庭铺装有什么优势？适合用于哪些家居空间？

塑料地板表面为高密度特殊结构，有仿真木纹、大理石纹、地毯纹、花岗岩等纹路，遇水变涩、不滑，可铺装在中老年人及儿童的房间。另外，塑料地板的导热保暖性好。导热只需几分钟，散热均匀，绝无石材、瓷砖的冰冷感觉，冬天光着脚也不会感觉冷。其特性是石材、瓷砖等无法比拟的。

217 塑料地板该如何选购？

塑料地板种类繁多，铺贴工艺简易，费用少，装饰效果好；不足之处是不耐烫、易污染，受锐器磕碰易受损。选购时应依据建筑物的等级和使用功能选用。一般家居铺装可选用半硬质或软质的地板卷板。同时还应注意塑料地板的物理性能，如热膨胀系数、加热质量损失率和加热长度变化率、吸水长度变化率、凹陷度等，可向销售商索取产品报告等资料查看。

 218 家庭中使用地热采暖地板有什么优势？

地热采暖地板节省了房间的有效使用面积，并可有效节约能源。采用低温热水地板采暖的温度感比实际温度高出 2～4℃，符合"按户计量，分室调温"的要求，家中无人时可停止供暖，人口少时可在有人活动的房间采暖，关掉无人房间的阀门。另外，这种采暖方式还具有可减少楼层噪声、清洁卫生、热源选择广泛、适合旧房改造等特点。

 219 如何选择地热地板？

序号	概述
1	选择正规的建材市场和品牌地板，并询问能否适用于地热采暖
2	普通实木地板通常不太适合地热供暖，厚度在 8～10 毫米的复合地板比较适宜
3	地热地板的环保指标要求非常高，否则甲醛等有害气体的释放会导致人体不适
4	地板的铺装最好找专业铺装队伍，因为地垫必须采用特殊工艺铺设，而胶水用量也须把握好，这样地板的耐老化性和热传导性都会得到加强
5	就目前的使用情况看来，锁扣式地板的效果更好，因钩联地板间留有细小缝隙，所以膨胀后也不易走形

 220 绿芯防潮地板是否不怕水？

绿芯防潮地板主要起到的是加强防潮的作用，但复合木地板再防潮，也是木质的，木质的东西全怕水。有些复合木地板可在水中泡是因为这些地板在加工过程中过量加大尿醛树脂胶含量或使用酚醛胶制成。但加大尿醛树脂胶必然会使甲醛含量超标，而酚醛胶是含有剧毒的，在国外是严格禁止在室内使用的。

 221 无甲醛地板有哪些？

无甲醛地板只有选择实木地板，其他地板如复合地板、强化实木地板等只要是用胶黏合的都不可避免含有甲醛成分。当然这些地板大多都符合国家规定的甲醛含量标准，所以使用是没有问题的。

☞ 家庭装修，甲醛的最大来源在于用合成板材制作的家具、橱柜、门以及其他木工产品。对地板而言，抛开实木地板不说，即使是复合地板，只要选择一些大品牌，就不必担心甲醛的问题——只要控制在环保标准规定的范围就可以了。

② 木地板是不是越厚越保温？

木地板的厚度是决定其脚感是否舒适的因素，所以许多业主在选购地板，尤其是在选购实木、多层实木地板或竹地板时都要求厚度在 15 ～ 18 毫米。因此，在选购地暖地板时，同样还用这个方法来挑选，殊不知木材属于不良导体，通常木材物质的导热系数在 0.17 ～ 0.34 之间，而水为 0.5。如果地板厚度太厚，就更加不利于热量通过地板传导至板面上来，而都消耗在传导过程中了。至于保温，地板上下温差很大，势必导致地板变形很大，"热胀冷缩""湿胀干缩"都会引起地板瓢、扭、弯、裂，尺寸稳定性得不到保证。

② 耐磨转速高的地板就一定好吗？

耐磨转速是衡量地板质量的重要标志，但不是说转数越高，强化地板的质量就越高。家用地板表面初始耐磨值一般在 6000 转左右就能满足日常生活的需求了，太高了没有实际意义。而像办公室、商场、舞厅等地方因为客流量较大，因此才需要耐磨度数较高的强化地板。

② "色泽油亮"的地板质量就好吗？

所谓的"色泽油亮"往往具有很大的水分，实木复合地板本身就是自然的产物，仅发光发亮并不代表什么。有些商家常常不选用优质的原木，或者为了降低成本而不去木皮，而后再用油漆将劣质地板表面涂抹出所谓的"丰满色泽"，以次充好。

② 进口地板与国产地板的常用尺寸分别是多少？

一般进口地板尺寸都在 1285 ～ 1380 米左右，而国产地板的密度板基材都是 1220 毫米×2440 毫米，所以决定了它的长度只能是 1210 毫米，厚度为 8.3 毫米，且背面光滑。当然国内厂家也能生产长尺寸地板，但为数不多，且增加生产成本。

毛地板和素地板是一回事吗？

分类	概述
毛地板	毛地板是实木地板的一种铺法，就是打完龙骨后，在龙骨上铺一层九厘板或大芯板，在上面再铺实木地板。这样做的好处就是脚感更好些，但地板弹性略小，通常用于单位客厅、会议室等人员来往较多的场合
素地板	把表面淋漆处理的地板称为漆板，那么素地板就是没有淋漆的地板了。这种地板铺装完毕后要刨平、打磨、打腻子、再打磨，然后打底漆、刷面漆。做完后地面是一个整体，效果非常好

 地板革有毒吗？

地板革有没有毒，要从它的材质说起，地板革中含有铅化合物，而在日常使用过程中，地板革肯定会有所磨损，这时铅会随着磨损情况的加重向外扩散，而这容易在空气中形成铅尘，对人们的身体会有一定的影响。因此地板革不建议在家居中大量使用。

 如果因为特殊情况，必须使用地板革，那么就一定要慎重。选购时一定要仔细观察其背面，如果有发黑现象，就不要选用。此外，还可看其纹路是否对齐，产品表面是否凹凸不平，产品是否有相关的合格证等。

 铺垫宝有什么作用？

许多人认为悬浮式地板的脚感不如传统木地板，但是如果在悬浮式地板下铺设铺垫宝后就不一样了，能同样获得传统木地板所具有自然的脚感。由于铺垫宝的极限承重能够达到25吨/平方米，即使家具的长期重压也不会使地板系统出现凹陷变形，仍能保持地板平整如常，保证舒适的行走感觉。而且，其多孔的结构具有的微微弹性，还能缓冲足底与地面之间的相互作用力，使足感更柔和惬意，轻松自然。

 如何识别和选用踢脚板？

踢脚板是家庭装修中必不可少的装饰性材料，它能固定地面装饰材料，掩盖地面接缝和加工痕迹，提高地面装修整体感，并起到保护墙角、保证墙体材料正常使用的作用。目前市场上踢脚板的种类很多,家庭装修主要使用的是以木质、复合材料及塑料为原料加工制作的型材。

选踢脚板的材质时应考虑与地面材料的材质近似。踢脚板的选色应区别于地面和墙面,建议踢脚板颜色选地面与墙面的中间色,同时还可根据房间的面积来确定颜色:房间面积小的踢脚板选靠近地面的颜色,反之则选靠近墙壁的颜色。踢脚板的线型不宜复杂,并应同整体装修风格相一致。

装饰板材篇

 230 装修中板材有哪些应用?

目前的家装中会使用板材的地方主要是家具(如现场制作的酒柜、吧台、壁柜等)、门窗套、地台、异形木龙骨等。一般来说,这些不同的地方需要用到不同的板材 。一般主要有OSB定向结构刨花板,也称欧松板,既可以做吊顶、柜体等的基材,也可以直接刷清漆;大芯板,即细木工板,主要做家具衬板、门窗套等;俄松板为产自中国和俄罗斯边境的一种木材,属于纯天然的松木板材,价格和环保性能对较高,可用作家具;澳松板的颜色比较白,环保性能好,一般用于自制家具,也会被用于混油制作的门套线等。

 231 板材在装修时需要注意哪些事项?

序号	概述
1	如果是做厨卫、外飘窗的门套和窗套,则需要在木材背后涂防腐涂料,防止水汽和潮气浸湿导致返潮鼓包
2	由于长年暴晒,考虑到油漆可能会褪色,如发生白色发黄不美观的情况,建议在设计时考虑用色问题
3	为了防止外窗的窗套变形,要选择含水率低于12%的板材,并且在施工时注意将底板安装牢固,发泡胶填充密实,防止水汽的浸湿,减少窗套变形开裂的可能性
4	为了防止受潮,厨卫的门套木线与墙砖接口处最好用密封胶密封
5	如果做异形吊顶使用到木龙骨,要求使用烘干的板材,并且涂刷防火涂料

232 实木板材与实芯板材有何区别？

类别	内容
实木板材	实实在在的木头，其内外均是同一种材质（但不一定是一整块木头）
实芯板材	以多层板或部分实木结合在一起的木制品，内外并非同一种材质。目前家庭装修多以多层板为主，其优点在于可以减少因实木内应力的变化而导致的变形，且成品外观与实木大致相同

233 什么板材最不易变形？

集成材最不易变形。这是一种新兴的实木材料，采用优质进口大径原木精深加工而成，像手指一样交错拼接的木板。由于工艺不同，这种板的环保性能优越，是大芯板允许含甲醛量的 1/8，价格每张 200 元左右，比高档大芯板略贵一点。但从另一方面看，这种由美国云杉等实木制作的板材可以直接上色、刷漆，要比大芯板省去一道工序，最后算下来施工的费用可能持平。

234 市场上板材很多，做柜子用哪种比较好？

柜子的材料可用中密度板、大芯板、指接板、防潮板等。这些板材都是做柜子的材料，但各有所长。如果对环保性要求高，则可用三聚氰胺面层的防潮板，这种板价格较贵。如果讲经济实惠，则可用中密度板。柜子的门片可用中密度板，但中密度板不要用作柜体的隔板，它在跨度较大时，容易发生弯曲；建议用大芯板作隔板。此外刨花板强度低，多用于装饰造型的垫层。而饰面板则适用于家具表面的装饰，有很多品种，如胡桃木、榉木、沙比利等。在家具表面采用混油方式时不用饰面板。

235 人造板材和天然板材的区别是什么？

类别	内容
人造板材	利用木材在加工过程中产生的边角废料，混合其他纤维制作成的板材。人造板材种类很多，常用的有刨花板、中密度板、细木工板（大芯板）、胶合板，以及防火板等装饰型人造板。因为它们有各自不同的特点，所以被应用于不同的家具制造领域

类别	内容
天然板材	天然板材边缘不光滑、多毛刺，其标准厚度均为3厘米。取材于具有良好装饰效果的天然木材，由于其自然属性决定了一批材料（甚至每张）都存在色泽及纹理的不一致

 如何鉴别板材的好坏？

①闻。甲醛释放量直接影响到业主的健康。好板材选料好，也会使用环保胶水。即使大量堆放，也不会散发出刺鼻气味。如果板材送过来后，室内化学气味明显，那就要引起业主的注意了。可以要求查看品牌检测凭据，或者拨打相关品牌的防伪电话一辨真假。

②锯。把板材从横的地方（即宽）锯开来看，合格板材断面层次清楚，不同层胶合好，黏结牢，无分层。购买前可要求商家提供小样，或者直接和商家要求当场随机选块切开看内芯。

③测。影响板材材料稳定性最重要的一个因素就是含水率，经过严格干燥窑烘干处理的板子即使经过仓储、运输后，含水率也该在16%之内。如果板材含水率过高，几个月后就会扭曲变形，甚至霉变，造成漆面脱落，非常碍眼，成为新家装修中永远的缺憾。

 细木工板在家居中有哪些应用？

细木工板又称为大芯板、木芯板，其握螺钉力好，强度高，具有质坚、吸声、绝热等特点，且含水率在10%～13%，施工简便。细木工板可用作各种家具、门窗套、暖气罩、窗帘盒、隔墙及基层骨架制作等。细木工板虽然比实木板材稳定性强，但怕潮湿，施工中应注意避免用在厨卫间。

 细木工板都有哪些材质？哪种材质最好？

细木工板内芯的材质有许多种，如杨木、桦木、松木、泡桐等。其中以杨木、桦木为最好，质地密实，木质不软不硬，握钉力强，不易变形；而泡桐的质地较软，吸收水分大，不易烘干，制成板材在使用过程中，当水分蒸发后，板材易干裂变形。而硬木质地坚硬，不易压制，拼接结构不好，握钉力差，变形系数大。

序号	概述
1	细木工板出产厂前，应在每张板背右下角加盖不褪色的油墨标记，表明产品的类别、等级、生产厂代号、检验员代号；类别标记应当标明室内、室外字样。如果这些信息没有或者不清晰，就应谨慎购买
2	外观观察，挑选表面平整，节疤、起皮少的板材；观察板面是否有起翘、弯曲，有无鼓包、凹陷等；观察板材周边有无补胶、补腻子现象。查看芯条排列是否均匀整齐，缝隙越小越好。板芯的宽度不能超过厚度的2.5倍，否则容易变形
3	用手触摸，展开手掌，轻轻平抚木芯板板面，如感觉到有毛刺扎手，则表明质量不高
4	用双手将细木工板一侧抬起，上下抖动，倾听是否有木料拉伸断裂的声音，有则说明内部缝隙较大，空洞较多。而优质的细木工板应有一种整体、厚重感
5	从侧面拦腰锯开后，观察板芯的木材质量是否均匀整齐，有无腐朽、断裂、虫孔等，实木条之间缝隙是否较大。
6	将鼻子贴近细木工板剖开截面处，闻一闻是否有强烈刺激性气味。如果细木工板散发清香的木材气味，说明甲醛释放量较少；如果气味刺鼻，说明甲醛释放量较多，最好不要购买。可以向商家索取细木工板检测报告和质量检验合格证等文件，细木工板的甲醛含量应≤1.5千克/升，才可直接用于室内，而≤5千克/升必须经过饰面处理后才允许用于室内。所以，购买时一定要问清楚是不是符合国家室内装饰材料标准，并且在发票上注明
7	要防止个别商家为了销售伪劣产品有意混淆E1级和E2级的界限。细木工板根据其有害物质限量分为E1级和E2级两类（其有害物质主要是甲醛），家庭装饰装修只能使用E1级的细木工板，E2级的细木工板即使是合格产品，其甲醛含量也可能要超过E1级大芯板3倍多

 胶合板在家居中有哪些应用？

由于胶合板有变形小、施工方便、不翘曲、横纹抗拉力学性能好等优点，在室内装修中胶合板主要用于木质制品的背板、底板等。由于厚薄尺度多样，质地柔韧、易弯曲，也可配合木芯板用于结构细腻处，弥补木芯厚度均一的缺陷，使用比较广泛。

胶合板该如何选购？

序号	概述
1	胶合板要木纹清晰，正面光洁平滑，不毛糙，平整无滞手感；夹板有正反两面的区别
2	胶合板不应有破损、碰伤、硬伤、节疤等疵点
3	双手提起胶合板一侧，感受板材是否平整、均匀、无弯曲起翘的张力
4	个别胶合板是将两个不同纹路的单板贴在一起制成的，所以要注意胶合板拼缝处是否严密，是否有高低不平的现象
5	如果手敲胶合板各部位时，声音发脆，则证明质量良好。若声音发闷，则表示胶合板已出现散胶现象。或用一根 50 厘米左右的木棒，将胶合板提起来轻轻敲打各部位，若声音匀称、清脆的基本是上等板；如发出"壳壳"的哑声，就很可能是因脱胶或鼓泡等引起的内在质量毛病。这种板只能当衬里板或顶底板用，不能作为面料
6	挑选时，要注意木材色泽与家具油漆颜色相协调。一般水曲柳、椴木夹板为淡黄色，荸荠色家具都可用。但柳安夹板有深浅之分，浅色涂饰没有什么问题，但深色的只可制作荸荠色家具，而不宜制作淡黄色家具，否则家具色泽发暗。尽管深色可用氨水洗一下，但处理后效果不够理想，家具使用数年后，色泽仍会变色发深
7	向商家索取胶合板检测报告和质量检验合格证等文件，胶合板的甲醛含量应≤ 1.5 千克 / 升，才可直接用于室内，而≤ 5 千克 / 升必须经过饰面处理后才允许用于室内

 薄木贴面板在家居中有哪些应用？

　　薄木贴面板（市场上称为装饰饰面板）是胶合板的一种，具有花纹美观、装饰性好、真实感强、立体感突出等特点，在装修中起着举足轻重的作用，使用范围非常广泛，门、家具、墙面上都会用到，还可用作墙面、木质门、家具、踢脚线等部位的表面饰材。

243 松木芯大芯板制作的家具会变形吗？使用寿命如何？

　　松木芯大芯板的变形概率比较小，因为大芯板里的松木芯已经经过二次变形，虽然不排除变形现象，却影响不大。但是松木芯大芯板的寿命并不长久，因为松木木质较软，可以选用杨树芯的大芯板。

244 纤维板为什么适合在家居中应用？

纤维板又称密度板，因做过防水处理，其吸湿性比木材小，形状稳定性、抗菌性都较好。通常情况下，家庭装修所用的大多数是中密度纤维板。中密度纤维板具有良好的物理力学性能和加工性能，可以制成不同厚度的板材。

 245 纤维板该如何选购？

序号	概述
1	纤维板应厚度均匀，板面平整、光滑，没有污渍、水渍、粘迹；四周板面细密、结实、不起毛边
2	注意吸水厚度膨胀率。如不合格会使纤维板抵抗受潮变形的能力减弱，在使用中出现受潮变形甚至松脱等现象
3	用手敲击板面，声音清脆悦耳，均匀的纤维板质量较好。声音发闷，则可能发生了散胶问题
4	找一颗钉子在纤维板上钉几下，看其握螺钉力如何，如果握螺钉力不好，在使用中很容易会出现结构松脱等现象
5	拿一块纤维板的样板，用手用力掰或用脚踩，以此来检验纤维板的承载受力和抵抗受力变形的能力
6	注意甲醛释放量是否超标。纤维板生产中普遍使用的胶粘剂是以甲醛为原料生产的，这种胶粘剂中总会残留反应不完全的游离甲醛，这就是纤维板产品中甲醛释放的主要来源。甲醛对人体黏膜，特别是呼吸系统具有强刺激性，会影响人体健康

 246 刨花板在家居中有哪些应用？

刨花板具有密度均匀、表面平整光滑、尺寸稳定、无节疤或空洞、握钉力佳、易贴面和机械加工成本较低等特点。由于刨花板的成本低，许多性能又比成材好，所以刨花板的应用非常广泛，如隔板、墙板、壁橱、玄关制作等。

 247 刨花板该如何选购？

序号	概述
1	注意刨花板的厚度是否均匀，板面是否平整、光滑，有无污渍、水渍、胶渍等

序号	概述
2	刨花板的长、宽、厚尺寸公差，国标有严格规定，长度与宽度只允许正公差，不允许负公差。而厚度允许偏差，根据板面平整光滑的砂光产品与表面毛糙的未砂光产品这两类而定。经砂光的产品，质量高，板的厚薄公差较均匀。未砂光产品精度稍差，在同一块板材中各处厚、薄公差较不均匀
3	注意检查游离甲醛含量，用鼻子闻一闻，如果板中带有强烈的刺激味，显然超过标准要求，尽量不要选择
4	刨花板中不允许有断痕、透裂、单个面积＞40平方毫米的胶斑、石蜡斑、油污斑等污染点、边角残损等缺陷

 防火板在家居中有哪些应用？

防火板又称耐火板，相对于传统材料，如石材、木板来说，防火板是机制产品。因此，性能更加稳定，不会发生变色、裂纹、透水等问题。防火板可以在很多地方派上用场，比如台面、家具的表面、楼梯的踏步等。

 防火板该如何选购？

选购时应小心劣质的防火板，一般具有以下几种特征：色泽不均匀、易碎裂爆口、花色简单。另外，劣质防火板的耐热、耐酸碱度、耐磨程度也相应较差。在选购时，还应注意不要被商家欺骗，以三聚氰胺板代替成防火板。三聚氰胺板（俗称双饰面板）是一次成形板，这种板材就是把印有色彩或仿木纹的纸，在三聚氰胺透明树脂中浸泡之后，贴于基材表面热压而成。一般来说防火板的耐磨、防刮伤等性能要好于三聚氰胺板，三聚氰胺板价格上要低于防火板。但是两者因厚度、结构的不同，从而导致性能上有明显的差别。所以在使用中两者是不能相互替代的。

 铝塑板在家居中有哪些应用？

铝塑板又称铝塑复合板，是由多层材料复合而成，上下层皆为高纯度铝合金板，中间为低密度聚乙烯芯板，并与胶粘剂复合为一体的轻型墙面装饰材料。铝塑板的种类繁多，室内室外、各种颜色、各种花式令人目不暇接。作为一种很常见的装饰材料，被广泛应用于室内装饰装修中，如客厅、卧室、厨房、卫浴间等。

251 铝塑板该如何选购？

序号	概述
1	看铝塑板的表面是否平整光滑、无波纹、无鼓泡、无疵点、无划痕
2	看其厚度是否达到要求，必要时可使用游标卡尺测量一下。还应准备一块磁铁，检验一下所选的板材是铁还是铝
3	随意掰下铝塑板的一角，如果易断裂，则说明不是 PE 材料或是掺杂假冒伪劣材料；然后可用随身携带的打火机烧一下，如果是真正的 PE，应可以完全燃烧，掺杂假冒伪劣材料的燃烧后有杂质
4	拿两块铝塑板样板相互划擦几下，看是否掉漆。表面喷漆质量好的铝塑采用的是进口热压喷涂工艺，漆膜颜色均匀，附着力强，划擦后不易脱漆

 252 PVC 扣板在家居中有哪些应用？

　　PVC 扣板又称为塑料扣板，是以聚氯乙烯树脂为主要原料，加入适量的抗老化剂、改性剂等，经混炼、压延、真空吸塑等工艺而成的。其规格、色彩、图案繁多，极富装饰性，多用于室内厨房、卫浴间的顶面装饰。

 253 PVC 扣板该如何选购？

　　①观察外表。外表要美观、平整，色彩图案要与装饰部位相协调。无裂缝、无磕碰、能装拆自如，表面有光泽、无划痕；用手敲击板面声音清脆。

　　②查看企口和凹槽。PVC 扣板的截面为蜂巢状网眼结构，两边有加工成型的企口和凹槽，挑选时要注意企口和凹槽完整平直，互相咬合顺畅，局部没有起伏和高度差现象。

　　③测试韧性。用手折弯不变形，富有弹性，用手敲击表面声音清脆，说明韧性强，遇有一定压力不会下陷和变形。

　　④实验阻燃性能。拿小块板材用火点燃，看其易燃程度，燃烧慢的说明阻燃性能好，其氧指标应该在 30 以上，才有利于防火。

　　⑤注意环保。如带有强烈刺激性气味则说明环保性能差，对身体有害，应选择刺激性气味小的产品。

　　⑥向经销商索要质检报告和产品检测合格证等证明材料。这是为了避免以后不必要的麻烦。产品的性能指标应满足热收缩率＜0.3%、氧指数＞35%、软化温度 80℃以上、燃点 300℃以上、吸水率＜15%、吸湿率＞4%。

254 铝扣板在家居中有哪些应用？

铝扣板又称为金属扣板，其表面通过吸塑、喷涂、抛光等工艺，光洁艳丽，色彩丰富，并且逐渐取代塑料扣板。另外，铝扣板还具有耐久性强、不易变形、不易开裂等特点，在室内装饰装修中，多用于厨房、卫浴间的顶面装饰。

 255 铝扣板该如何选购？

序号	概述
1	铝扣板的质量好坏不全在于薄厚，而在于铝材的质地。有些杂牌子用的是易拉罐的铝材，因为铝材不好，板子没有办法很均匀地拉薄，只能做得厚一些。所以要小心商家欺骗，并不是厚的就一定质量好
2	家庭装修用的铝扣板 0.6 毫米厚就足够用了，因为家装用铝扣板，长度很少有 4 米以上的，而且家装吊顶上没有什么重物。一般来说在工程上为了防止变形，才会用厚一点（0.8 毫米以上）、硬度大一些的铝扣板
3	拿一块样品敲打几下，仔细倾听，声音脆的说明基材好，声音发闷说明杂质较多
4	拿一块样品反复瓣折，看它的漆面是否脱落、起皮。好的铝扣板漆面只有裂纹、不会有大块油漆脱落。而且好的铝扣板正背面都有漆，因为背面的环境更潮湿，有背漆的铝扣板使用寿命比只有单面漆的铝扣板更长
5	铝扣板的龙骨材料一般为镀锌钢板，看它的平整度，加工的光滑程度；龙骨的精度，误差范围越小，精度越高，质量越好
6	为了防止商家偷梁换柱，应仔细观察铝扣板工艺。覆膜板和滚涂板表面看上去虽然不好区别，而价格上却有很大的差别。可用打火机将板面熏黑，覆膜板容易将黑渍擦去，而滚涂板无论怎么擦都会留下痕迹

 256 石膏板在家居中有哪些应用？

石膏板具有防火、隔声、隔热、轻质、高强、收缩率小等特点，且稳定性好、不老化、防虫蛀、施工简便。不同品种的石膏板应该使用在不同的部位。如普通纸面石膏板适用于无特殊要求的部位，如室内吊顶等；耐水纸面石膏板因其板芯和护面纸均经过了防水处理，所以适用于湿度较高的潮湿场所，如卫浴间等。

选购石膏板如何进行外观检查？

外观检查时应在 0.5 米远处光照明亮的条件下，对板材正面进行目测检查，先看表面，表面平整光滑，不能有气孔、污痕、裂纹、缺角、色彩不均和图案不完整现象，纸面石膏板上、下两层牛皮纸需结实，可预防开裂且打螺钉时不至于将石膏板打裂；再看侧面，看石膏质地是否密实，有没有空鼓现象，越密实的石膏板越耐用。

 免漆板厚度一般是多少？

现在免漆板比较流行，主要是省去了人工现场喷漆，比较适合大规模工业生产。在家庭装修中，免漆板也有不少用武之地。一般来说，免漆板的尺寸也是跟着板材走的，1220 毫米×2440 毫米为板材的通用尺寸，厚度则分几种：薄的 8 毫米左右；家用的多在 15 毫米左右；还有 18 毫米的加厚板。

 装修用免漆板好还是喷漆板好？

装修用免漆板和喷漆板均可，但各有优劣		
免漆板	优点	颜色均匀，光泽亮，可直接铺装，节省时间，甲醛成分相对低
	缺点	一旦破相为永久性创伤，难以修复；有缝隙，容易聚集脏东西
喷漆板	优点	颜色鲜艳，且选择多样，容易清洁与打理，有一定补光作用
	缺点	工艺水平要求高，怕磕碰和划痕；在油烟较多的厨房中易出现色差

 **装饰石材篇**

 认识石材的误区有哪些？

一些施工企业及业主对石材的属性和石材应用的特性不了解，要么害怕使用石材，夸大放射性问题；要么吹毛求疵，要求石材无色差。这些都在一定程度上影响了石材作为主要的建筑装饰材料的推广使用。另外，石材工程不能只重装修的初期投入，而忽视使用过程中的养护。"三分质地，七分养护"是装饰用石材的"铁律"，但在实际应用中，人们往往只看中材料的质地、环保等属性，买材料时舍得花钱，然而一旦装修完毕，在使用过程中缺乏定期养护，这会大大影响石材外观美丽、内质优良的持续性。

261 花岗岩在家居中有哪些应用？

花岗岩是一种优良的建筑石材，室内一般应用于墙、柱、楼梯踏步、地面、厨房台柜面、窗台面等的铺贴。花岗岩的大小可随意加工，用于铺设室内地面的厚度为 20 ～ 30 毫米，铺设家具台柜的厚度为 18 ～ 20 毫米等。

> 从国家质量技术监督部门对各地石材的抽样结果看，花岗岩放射性较高，超标的种类较多。花岗岩中的镭放射后产生的气体——氡，若长期被人体吸收、积存，会在体内形成内辐射，使肺癌的发病率提高，因此花岗岩不宜在室内大量使用，尤其不要在卧室、儿童房中使用。

262 大理石在家居中有哪些应用？

大理石结晶颗粒直接结合成整体块状构造，抗压强度较高，质地紧密但硬度不大，相对于花岗岩而言易于雕琢磨光。另外，大理石抛光后光洁细腻，纹理自然流畅，有很高的装饰性，多用室内墙面、地面、楼梯踏板、栏板、台面、窗台板、踏脚板等，也可用于家具台面和室内外家具。

263 如何选购天然石材？

就目前而言，石材市场还不够完善，导致一些劣质建材流入市场，使业主很难辨真伪。国家建材部门将天然石材分为 A、B、C 三类，A 类适宜家居装修用材；B 类只可用于公共场合，如宽敞的建筑大厅内、外墙上；C 类只能用于外墙装饰。但市场上却常有把 B 类充当 A 类出售的现象，业主一定要有防范意识。另外，在购买天然石材时，要查看有关部门检测结果或向有关部门咨询后再使用。

264 厨房地面适合用天然石材吗？

有些家庭为了达到室内地材的统一，在厨房也是用如花岗岩、大理石等天然石材。虽然这些石材坚固耐用、华丽美观，但是天然石材不防水，长时间有水点溅落在地上会加深石材的颜色，变成"花脸"。如果大面积湿了，会比较滑。因此潮湿的厨房地面不适合用天然石材。

人造石材在家居中有哪些应用？

人造石材一般指的是人造大理石和人造花岗岩，其中以人造大理石应用较为广泛。它具有轻质、高强、耐污染、多品种、生产工艺简单和易施工等特点，其经济性、选择性等均优于天然石材的饰面材料。

①台面。普通台面、橱柜台面、卫浴台面、窗台、餐台、写字台、电脑台和酒吧台等。人造石兼备大理石的天然质感和坚固的质地，陶瓷的光洁细腻和木材的易于加工性。它的运用和推广，标志着装饰艺术从天然石材时代进入了一个崭新的人造石材新时代。

②卫浴应用。人造石洁具、浴缸、个性化的卫浴，是卫浴空间的点睛之笔。它具有丰富的表现力和塑造力，提供给设计师源源不断的灵感。无论是凝重沉稳的朴素风格，还是简洁的时尚现代风格，健康环保的人造石卫浴，都有它的独到之处。

 怎样选购人造石材？

①品牌。如果是大量使用，建议最好在购买之前先了解制造仿石材厂家的实力和规模，拥有什么样生产线和制造设备，获得了哪些行业资质和荣誉，是不是原厂生产等。

②技术。要弄清楚厂家是采用什么工艺技术做的人造石材，因为人造石材的技术实在是太多了，要搞懂技术貌似有点困难，但是一般来说还是可以通过两个主要的判断指标来鉴别的：一是石纹厚度。厚度决定了石纹的真实感、立体感和通透程度，也决定了仿真程度，这是最关键的。二是成型工艺和工艺技术。大多数人造石材产品采用了树脂类黏合剂和粉料成型，这样的人造石材在耐高温、耐磨度和硬度方面相对较差，建议选择经过专用原料、大吨位压机压制坯体、全自动窑炉1250摄氏度以上高温烧成、专用的抛光设备打磨的人造石材，这样的产品在真实度、致密度、吸水率、通透感、光泽度方面才能经得起时间的考验。

 人造石不耐高温，是指在多少度以上会变形或是出现变化？

一般都在400℃，无毛细孔，无明显拼缝，彻底杜绝了耐火板磨的人造石材，这样的产品在真实度、致密度、吸水率、通透感、光泽度方面才能经得起时间的考验。

 人造大理石和天然大理石之间有什么区别？

目前市场上出售的大理石大多是天然大理石，同色大理石之间存在色差，分量较重，大面积用于室内装修时，会增加楼体承重，而且天然大理石中还可能存在对人体有害的物质。人造大理石由天然大理石的粉末再加工而成，在硬度、光泽及耐磨性上都较天然大理石好，人造大理石色泽、纹理细腻，分量较轻，同色石材间不存在色差与放射性物质。但由于人造大理石多由国外进口，价格较高，每平方米在700元左右，而且型号单一，因此只能做地面装饰。

 269 天然石材和人造石材哪个辐射大？

要搞清楚这个问题，其实也很简单，只要弄清楚人造石材是怎么造出来的，就明白了。人造石材主要是利用天然石材粉末，用水泥、石膏与不饱和聚酯树脂搅合在一起，然后再加工成型的。这样一来，从理论上来讲，人造石材自然比天然石材的辐射小了。不过，有利必有弊，辐射虽然小了，但是原料质量与加工合成，必然会导致放射性和有害污染物的增加，而且硬度也比天然石材低一些。

陶瓷墙地砖篇

 270 釉面砖在居室内该如何应用？

釉面砖又称为陶瓷砖、瓷片或釉面陶土砖，具有玻璃般的光泽和透明性，使得陶瓷砖表面密实、光亮、不吸水、抗腐蚀、耐风化、易于清洁。釉面砖的应用非常广泛，但不宜用于室外墙面，因为室外的环境比较潮湿，釉面砖就会吸收水分产生湿胀。而当其湿胀应力大于釉层的抗张应力时，釉层就会产生裂纹。所以釉面砖主要用于室内的厨房、卫浴间等的墙面和地面，可使室内空间具有独特的整洁和美观的效果。

 271 釉面砖该如何选购？

序号	概述
1	在光线充足的环境中把釉面砖放在离视线半米的距离外，观察其表面有无开裂和釉裂，然后把釉面砖反转过来，看其背面有无磕碰情况，但只要不影响正常使用，有些磕碰也是可以的。如果侧面有裂纹，且占釉面砖本身厚度一半或一半以上的时候，那么此砖就不宜使用了
2	随便拿起一块釉面砖，然后用手指轻轻敲击釉面砖的各个位置，如声音一致，则说明内部没有空鼓、夹层；如果声音有差异，则可认定此砖为不合格产品
3	选购有正式厂名、商标及检测报告等的正规合格釉面砖

272 釉层厚代表无菌吗？

陶瓷上用多少釉料是厂家根据自己的需要来选择的，为了使产品表面光滑，厂家会根据需要多上几层釉料，以达到产品表面更加光洁的效果。而实际上，多少层釉料都不重要，只要产品表面的光洁度达到国家标准就算是合格产品。目前只能说某些产品由于在釉料里添加了抗菌剂，有自洁和抗菌的功能，但其抗菌效果的持续时间却难以测定，而且也并非一劳永逸。

 273 全抛釉砖耐磨吗？

全抛釉砖是集抛光砖与仿古砖优点于一体的瓷砖，釉面如抛光砖般光滑亮洁，同时其釉面花色如仿古砖般图案丰富，色彩厚重或绚丽，因此更为适合家庭使用。一般抛光砖用久了，容易亚光；仿古砖用久了，由于表面的釉层比较薄，容易磨损。而全抛釉烧成的瓷砖透明釉面比较厚，更不容易磨损，因此其使用寿命是一般微粉砖的 3 倍。

 274 在家居空间中，仿古砖该如何应用？

家居空间	作用
客厅	在客厅里用仿古砖作为抛光砖的补充，可以增加空间的艺术情调
沙发背景墙	用水刀雕刻出来，在不喷油漆的情况下，比用抛光的历史味道要浓，这将是空间应用的一个方向
厨房/卫浴间	仿古砖可以给厨房和卫浴间带来艺术气息。考虑到厨房的墙砖用抛光砖更易打理，在地面用仿古砖更好。而且，从实用角度来说，也更防滑。现在人们越来越重视在卫浴间营造休闲的氛围，仿古砖就是不可或缺的角色
卧室	仿古砖比实木地板便宜，比普通地板耐用，而且能营造温馨的家居氛围
书房	仿古砖颜色质朴，更能显示出家具的高雅情调
玄关	玄关对空间有怡情的作用，用仿古砖可以对整体的家装风格起到调和作用
阳台/电视墙	仿古砖用于阳台会比抛光砖显示出更大的优势。用仿古砖做电视墙，由于仿古砖的声光反射没有抛光砖那么厉害，而且与电视这种高科技的东西相比，仿古砖古朴的文化内涵，更能形成一种反差，带给人思考和感悟

275 选购仿古砖有哪些误区？

①认为瓷砖越厚越好。其实瓷砖的好坏与它的薄厚没有关系，瓷砖的好坏在于其本身的质地，目前国际建筑陶瓷建筑发展的方向是轻、薄、结实、耐用，个性化发展。

②认为仿古砖不防滑。其实仿古砖光洁度高，砖面平整度好，能够与鞋底充分地接触，从而增大了砖面与鞋底之间的摩擦力，达到了防滑的效果。

③亚光砖不易清洁。其实大部分亚光砖表面的釉面层都是经过特殊处理的，基本上达到了耐磨、防滑、不吸脏、易清洁的效果。

 276 抛光砖在家居中该如何应用？

抛光砖外观光洁，质地坚硬耐磨，通过渗花技术可制成各种仿石、仿木效果。抛光砖主要应用于室内的墙面和地面，其表面平滑光亮，薄轻但坚硬。但由于抛光砖本身易脏，因此要多加注意，可在施工前打上水蜡以防止污染。另外，在使用中也要注意保养。

 277 抛光砖该如何选购？

序号	概述
1	抛光砖表面应光泽亮丽，无划痕、色斑、漏抛、漏磨、缺边、缺脚等缺陷。把几块砖拼放在一起应没有明显色差，砖体表面无针孔、黑点、划痕等瑕疵
2	注意观察抛光砖的镜面效果是否强烈，越光亮的产品硬度越好，玻化程度越高，烧结度越好，而吸水率就越低
3	用手指轻敲砖体，若声音清脆，则瓷化程度高、耐磨性强、抗折强度高、吸水率低、不易受污染；若声音混哑，则瓷化程度低（甚至存在裂纹）、耐磨性差、抗折强度低、吸水率高、极易受污染
4	以少量墨汁或带颜色的水溶液倒于砖面，静置两分钟，然后用水冲洗或用布擦拭，看残留痕迹是否明显。如只有少许残留痕迹，则砖体吸水率低、抗污性好、理化性能佳；如有明显或严重的痕迹，则砖体玻化程度低、质量低劣

 278 亚光砖和抛光砖哪个装修效果好？

总体来说，大多数家庭装修中还是用抛光砖的多，原因是抛光砖光亮，能突出客厅的阔达，视觉也有一定的延伸。不过不少人觉得亚光砖不刺激眼睛、有品位，而且最主要的是防滑。所以，效果孰好孰差，与个人的喜好以及使用的地方有很大关系。喜欢敞亮的业主最好选择抛光砖，想要情调的业主则考虑亚光砖；不怕清洁麻烦的业主可以选亚光砖，只想随便搞搞卫生的业主则选抛光砖。另外，现代风格的居室一般用抛光砖，田园风格的居室则用亚光砖；客厅、餐厅用抛光砖的多，厨房、卫浴间地面多用亚光砖。

 279　玻化砖在家居中该如何应用？

玻化砖又称为全瓷砖，是由优质高岭土强化高温烧制而成，表面光洁但又不需要抛光，因此不存在抛光气孔的问题。其吸水率小，抗折强度高，质地比抛光砖更硬更耐磨，也很好地解决了抛光砖易脏的问题，因此被广泛应用于家居中的地面铺装。

 280　玻化砖该如何选购？

在选购玻化砖时，应注意玻化砖虽然表面性状相差不大，但内在品质却差距较大。因此选择口碑好的品牌显得尤为重要。专业的玻化砖生产厂家对原料、采购、高温煅烧、打磨抛光、分级挑选、打包入库等几十道工序都有严格的标准规范，因此质量比较稳定。而一些小规模的抛光砖厂（仅有抛光设备，砖坯需外购）由于前期工序非本企业控制，而且走的大都是低质、低价路线，因此对质量的要求相对较低。

> 在一个玻化砖品牌中，会有很多系列品种，根据材质及工艺不同，如有"普通渗花""普通微粉""聚晶微粉""魔术布料""垂直布料"等。不同的系列，价格是不同的。"普通渗花"是最普通的一种，家庭装修中采用较多。家庭装修可以根据不同的风格选择不同的系列产品。

 281　"微晶玉""微晶石""微晶钻"有何区别？

很多人逛建材城最头疼的恐怕就是记录瓷砖的名字了。什么"微晶玉""微晶石""微晶钻""超炫石""聚晶玉"等，其实大家根本没必要记住这些拗口的名字，它们描述的都是同一种东西——玻化砖，这些名字只是厂商为了区分产品的档次，进一步细化市场而使用的代号罢了。在选择瓷砖时大家只要坚持自己的预算，尽量选择适合自己的产品就行了。微晶石表面很炫，但其硬度较低，不耐磨，不适于用在地面，比较适合用在外墙干挂。

 282　马赛克在家居中该如何应用？

马赛克一般由数十块小砖拼贴而成，形态多样，有方形、矩形、六角形、斜条形等；并具有防滑、耐磨、不吸水、耐酸碱、抗腐蚀、色彩丰富等特点。随着马赛克品种的不断更新，马赛克的应用也变得越来越广泛。适用于厨房、卫浴间、卧室、客厅等。由于现在的马赛克可以烧制出更加丰富的色彩，也可用各种颜色搭配拼贴成自己喜欢的图案，所以可以镶嵌在墙上作为背景墙。

 能不能用马赛克取代腰线？

形式小巧、丰富的马赛克很适合用作瓷砖跳色的处理，尤其是取代腰线，用于点缀卫浴间的墙面，不仅可以提升空间的整体视觉效果，而且用马赛克取代腰线，绝对比用腰线便宜不少。马赛克的特点在于其灵活、多变，随意性与跳跃性都较强，尤其是在卫浴间这样的小空间，更适合进行点缀、分隔装饰。

 马赛克该如何选购？

序号	概述
1	在自然光线下，距马赛克半米目测有无裂纹、疵点及缺边、缺角现象，如内含装饰物，其分布面积应占总面积的20%以上，且分布均匀
2	马赛克的背面应有锯齿状或阶梯状沟纹。选用的胶粘剂除保证粘贴强度外，还应易清洗。此外，胶粘剂还不能损坏背纸或使玻璃马赛克变色
3	抚摸其釉面应可以感觉到防滑度，然后看厚度，厚度决定密度，密度高吸水率才低，吸水率低是保证马赛克持久耐用的重要因素，可以把水滴到马赛克的背面，水滴往外溢的质量好，往下渗透的质量劣。另外，内层中间打釉的通常是品质好的马赛克
4	选购时要注意颗粒之间是否同等规格、是否大小一样，每小颗粒边沿是否整齐，将单片马赛克置于水平地面检验是否平整，单片马赛克背面是否有太厚的乳胶层
5	品质好的马赛克包装箱表面应印有产品名称、厂名、注册商标、生产日期、色号、规格、数量和重量（毛重、净重），并应印有防潮、易碎、堆放方向等标志

 什么是全瓷地砖？全瓷地砖一定比半瓷地砖好吗？

全瓷地砖是指吸水率小于0.5%的瓷砖，也被称为烧透瓷砖，是由石英砂、泥按照一定比例烧制而成的，然后再用磨具打磨光亮，表面就像镜面那样透亮光滑，十分好看，它是通体砖家族中的一分子。全瓷地砖在抗污、硬度、线条、方正方面都优于半瓷地砖，但是不足的是

花色没有半瓷地砖丰富。此外，全瓷地砖规格只有 600 毫米 ×600 毫米或 800 毫米 ×800 毫米成品尺寸，不用泡水就能铺贴，而半瓷地砖吸水率高于全瓷，需要泡水才能使用。

 如何辨识全瓷地砖？

方法	内容
看断面	断面没有明显分两层的就是全瓷地砖
比较重量	重量重一些的就是全瓷地砖
听声音	声音清脆的就是全瓷地砖
试水法	由于全瓷地砖吸水率低，因此可以把地板砖反过来，在其背面滴上水，渗水慢的就是全瓷地砖

 无缝瓷砖质量就好吗？

现在一些无缝瓷砖的炒作是需要注意的。瓷砖多数在一个相对封闭的空间施工，以墙面为例，一般左右及下面部分一定是有固定墙和地面封闭的，如果瓷砖在施工中无缝处理，那么膨胀时，它往哪里伸长呢？很明显，无缝瓷砖要实现的一个前提是瓷砖的热胀冷缩率为零。但是，这个可能性是零。瓷砖不可能热胀冷缩推倒墙面，因为其背面黏合力不可能大于推动墙面的力量。那么后果只能是：瓷砖拱起。

 墙砖和地砖的区别是什么？

墙砖和地砖的最大区别在于吸水率不同。严格来讲，墙砖属于陶制品，而地砖通常是瓷制品，它们的物理特性不同，而且从选黏土配料到烧制工艺都有很大区别。墙砖吸水率相对比较高，通常在 10% 左右。墙砖一般是釉面砖，通俗点讲，就好像是在水泥板表面上了一层釉，这样背面粗糙的墙砖更容易与墙面贴合。通常墙砖的硬度不如地砖，但是花色要比地砖丰富一些。地砖相对墙砖而言，质地更为坚硬，也更耐磨耐压，其吸水率通常只有 1% 左右。市面上常见的地砖通常都是瓷质程度比较高的产品，如通体砖、玻化砖、抛光砖等。由于瓷质化比较高，因此地砖虽然可以用在墙面，但是铺贴起来比较费劲，而且容易脱落。

 卫浴间和厨房分别贴什么材质的瓷砖好？

厨卫用的瓷砖最好选用吸水率低的，因为厨卫最容易出现大量的水，而且经常要用水去清洗，如果选择吸水率高的瓷砖就会导致瓷砖长时间地受潮而容易出现脱落的现象。

分类	内容
厨卫地面砖	最好选择通体砖。通体砖表面上没有釉，且正面与反面无论是从材质上还是从色泽上来看都是一样的。另外，通体砖是最具有防滑性和耐磨性的
厨卫墙面砖	最好选择釉面砖。这种砖要比抛光砖的色彩亮，而且图案多，并且其去污效果很好。同时这种瓷砖的吸水率低，强度很高，能防止细菌的生长

 如何选择地平线？

地平线主要是为了使客厅地面更富于变化、看起来特别简洁的一些线条，主要是用一些和地砖主体颜色有一些区分的瓷砖加工而成，一般用深色的瓷砖加工为主，有些仿古砖也有一些配套的地平线可供选择。主要用在地面周边或者过道、玄关等地方。

 如何选购地拼花？

用瓷砖加工而成的地面装饰画，现在基本上买砖时都可以委托加工，有很多的图案可供选择，选择加工时一般要注意，拼花的底色要和地面其他的瓷砖颜色和花纹一致。主要用在进门处或者客厅、餐厅的茶几、餐桌下面。

 瓷砖踢角线如何选用？

踢角线主要是为了保护墙裙。选购时可以考虑以下两种方式：一是和地砖颜色形成较大的反差，但要注意尽量选择同一色系的产品，以便保持整体风格的统一；二是和地砖颜色接近，这种情况建议地面周边加铺有颜色反差的地平线。踢角线可以直接买成品，也可以委托销售方加工，一般情况下，应使用与地砖相同材质的踢角线。

 外墙砖能用在室内吗？

在室内餐厅的局部墙面，使用与小区室外用的瓷砖同类的墙砖，形成与室外社区公共空间浑然一体的效果，令人在潜意识里有置身室外空阔空间的错觉，以此扩大室内空间。同时别忘了，室外墙砖造价较低，且安装不需十分精确，因此花费是室内墙砖的近一半。

294 地砖清洁该如何做？

序号	概述
1	可选用洗洁精、肥皂等清洗
2	用肥皂加少许氨水与松节油的混合液，清洗地砖可使地砖更有光泽
3	抛光砖应定期对其打蜡处理，时间间隔为 2～3 个月为宜
4	砖与砖缝隙处可不定期用去污膏去污垢，再在缝隙刷一层防水剂，可防霉菌生长

油漆涂料篇

 295 涂料与油漆的区别是什么？

　　一般认为涂料是水性的漆，而且是低档的，而油漆是高档的。其实这是一种错误的概念。涂料包含了油漆，它可以分为水性漆和溶剂（油性）型漆。随着石油化学工业的发展，化工产品的层出不穷，现代涂料的大部分已经脱离了用油生产漆的传统，越来越多的涂料产品经过化工合成制备性能更优良，使用场合也越来越广，所以称呼其为涂料含义更准确。

 296 防水涂料在家居中该如何运用？

　　防水涂料是以合成高分子聚合物、高分子聚合物与沥青、高分子聚合物与水泥为主要成膜物质；加入各种助剂、改性材料、填充材料等加工制成的溶剂型、水乳型或粉末型的涂料。该涂料涂刷在建筑物的屋顶、地下室、卫浴间和外墙等需要进行防水处理的基层表面上。可在常温条件下形成连续的、整体的、具有一定厚度的涂料防水层。

 297 如何选购防水涂料？

　　真正的环保防水涂料应有国家认可的检测中心（CMA）所检测核发的检测报告、产品检测报告和产品合格证。业主在选购防水材料时，还可以留意产品包装上所注明的产地。进口品牌产品的包装上，"产地"一栏会详细地注明由某某公司生产；而假冒产品则一般只注有出口地，没有涉及生产公司。所以业主要谨慎选择防水涂料。

为什么不宜购买有"香味"的涂料？

　　有"香味"的涂料要慎买。涂料选择不当的危害在于其含有苯等挥发性有机化合物以及重金属。市场上有部分伪劣的"净化"产品，通过添加大量香精去除异味，实际上起不到消除有害物质的作用。

> 买涂料最好选择没有味道的，使用前应打开涂料桶，亲自检查一下：一看，看有无沉降、结块或严重的分层现象，若有则表明质量较差；二闻，闻着发臭、刺激性气味强烈的不好。进行墙面涂饰时，还要注意基层的处理，禁止使用107胶，也不要用调和漆或清漆，否则会造成甲醛和苯双重污染。

 为什么说钢化涂料比传统涂料好？

序号	概述
1	墙面钢化涂料无毒、无污染，不会危害人们的身体健康，完全取消了传统涂料，如溶剂型涂料、聚氨酯涂料等含有大量危害人体健康的有毒物质——甲醛、苯类等物质的存在
2	墙面钢化涂料具有多种功能，如防虫、防腐、防辐射、防紫外线、隔声阻燃等，而传统涂料功能则较为单一
3	墙面钢化涂料的各项性能指标更趋合理，如光洁度、硬度、防潮透气性能、耐湿擦性能、耐热性能、附着力、抗冻性等，比传统涂料有质的突破和飞跃
4	墙面钢化涂料使用寿命一般长达15～20年，远远长于传统涂料5年左右的使用寿命

 水性涂料和油性涂料有什么区别？装修使用哪种涂料比较好？

分类	概述
水性涂料	水性涂料以水为分散介质。根据分散方式的不同，水性涂料又可分为水溶性和水分散性两种。乳胶漆是水分散性涂料，它是以合成树脂乳液为基料，填料经过研磨分散后加入各种助剂精制而成的涂料。依照特点及适用范围，乳胶漆分为内墙乳胶漆、外墙乳胶漆、其他特种漆等

分类	概述
油性涂料	油漆是油性涂料的俗称，以有机溶剂为分散介质；有剧毒、有污染，还可以燃烧，所以水性漆比油性漆环保

 301 为什么在家居中常用乳胶漆？

乳胶漆是以合成树脂乳液涂料为原料，加入颜料、添料及各种辅助剂配制而成的一种水性涂料，是室内装饰装修中最常用的墙面装饰材料。其易清洗性确保了涂面的光泽和色彩的新鲜。另外，在施工过程中不会引起鼓泡等状况，使得涂面更光滑，所以，在家居装饰中很受欢迎。

 302 乳胶漆该如何选购？

①用鼻子闻。真正环保的乳胶漆应是水性无毒无味的，所以当闻到刺激性气味或工业香精味，就应慎重选择。

②用眼睛看。放一段时间后，正品乳胶漆的表面会形成厚厚的、有弹性的氧化膜，不易裂；而次品只会形成一层很薄的膜，易碎，且具有辛辣气味。

③用手感觉。用木棍将乳胶漆拌匀，再用木棍挑起来，优质乳胶漆往下流时会成扇面形。用手指摸，正品乳胶漆应该手感光滑、细腻。

④耐擦洗。可将少许涂料刷到水泥墙上，涂层干后用湿抹布擦洗，高品质的乳胶漆耐擦洗性很强，而低档的乳胶漆只擦几下就会出现掉粉、露底的褪色现象。

 303 乳胶漆有毒吗？新房刷漆多久可以入住？

乳胶漆无毒无害、不污染环境、不引火，使用后墙面不易吸附灰尘。如果单就乳胶漆而言，待漆面干燥后就可以入住使用，因此对于入住基本上没有时间上的影响。

304 进口乳胶漆与国产乳胶漆有什么不同？

目前商场上进口乳胶漆属高档、高价位涂料。它只是在流平性、细度、配色和开罐状态上稍优于国产乳胶漆，其他指标不相上下，但价格比国产乳胶漆高 1～2 倍。进口乳胶漆有一些使人误解的宣传，如 1 千克可刷 8 平方米以上，意在告诉人们每平方米的费用不比国产的贵。但 1 千克是不可能刷这么大面积的，涂层太薄，其他性能就难以保证。一般 1 千克涂料刷 5 平方米就不算少了。况且有些进口乳胶漆实际上是国内合资企业生产的，贴上外国公司的商标。

而国产乳胶漆也有很多质量比较好的，价格却比进口的涂料低得多，对一般家庭而言，比较适用。

 怎样根据涂刷的不同部位来选用乳胶漆？

乳胶漆的功能十分重要，要根据涂刷的不同部位来选用乳胶漆，如卧室和客厅的墙面采用的乳胶漆要求附着力强，质感细腻，耐分化性和透气性好；厨房、卫浴间的乳胶漆应具有防水、防霉、易洗刷的性能；卧室选用聚醋酸乙烯类的（一般称乳胶漆）即可，但厨房、卫浴间和阳台顶面易受潮的部位，应选择更耐擦洗的强乙丙或苯丙乳胶涂料。

 什么是硅藻泥？该如何选购？

硅藻泥是一种高科技的天然环保内墙的装饰材料，可以用来替代墙纸和乳胶漆，受到越来越多的装修业主的青睐。

选购硅藻泥的 5 大方法	
看比重	硅藻泥越轻越好，如果掺有大量石材，由于比重很大，感觉会很重，这说明硅藻土含量低
看加水比例	硅藻泥调和时要加水，比例接近 1：1 最好；从实践上看，如果加水小于 0.5 的话，说明硅藻泥的含量可能小于 20%
往硅藻泥上喷水	如果吸水越快越多，就说明硅藻泥呼吸功能越好，而呼吸功能是硅藻泥的最基本功能
硅藻泥表面用湿抹布擦洗	好的硅藻泥，表面可以用湿抹布擦洗；而不好的硅藻泥，擦洗时，表面会出现粉末或掉色
用喷火枪对着硅藻泥样板喷火	好的硅藻泥可以防火阻燃，是保温隔热材料，耐 1000℃的高温

 清油在家居中该如何运用？

清油又称熟油、调漆油，一般用于调制厚漆和防锈漆，也可单独使用。清油涂刷能够在改变木材颜色的基础上，保持木材原有的花纹，装饰风格自然、纯朴、典雅，但工期较长。主要用于木制家具底漆，是家庭装修中对门窗、护墙裙、暖气罩、配套家具等进行装饰的基本漆类之一。

清漆在家居中该如何运用？

清漆俗称凡立水，是一种不含颜料，以树脂为主要成膜物质的透明涂料，分为油基清漆和树脂清漆两类。油基清漆含有干性油，树脂清漆不含干性油。常用清漆种类繁多，一般多用于木家具、装饰造型、门窗、扶手表面的涂饰等。

 防锈漆在家居中该如何运用？

对金属等物体进行防腐防锈处理的涂料，叫作防锈漆。防腐蚀技术主要是通过对物体表面进行特殊的处理，形成一层保护层，使物体在各种腐蚀性物质或环境的作用下所引起的破坏或变质的反应钝化，以达到延长物体使用寿命的目的。

 真石漆在家居中该如何运用？

真石漆又称石质漆，是一种装饰效果酷似大理石、花岗岩的水性建筑漆。其涂层坚硬，黏结性好，能使用 10 年以上。真石漆最先用于建筑外墙装饰，近年来用于室内装修，主要用于室内的背景墙、造型墙等装饰造型丰富的位置。装饰效果丰富自然，质感强，有良好的视觉冲击力，能衬托出高雅、庄重、和谐的气氛。

 真石漆与石材相比，有哪些优势？

序号	概述
1	石材相比，真石漆属于碎石颗粒漆膜，自重很轻，危险程度大大降低
2	真石漆漆膜不厚，并不增加墙体自重负担而改变其力学状况
3	真石漆翻新容易，费用较低；真石漆有底漆、线条漆、主漆和罩面漆等多个种类，既有装饰效果，又保护了墙体不碳化，不渗水
4	真石漆喷涂随意，能造出各种石材不太容易制造的造型及符合任何基层状况的墙面
5	真石漆造价经济，大大降低了成本

 墙绘材料在家居中该如何运用？

丙烯颜料是一种用化合成胶乳剂与颜色微粒混合而成的新型绘画颜料，有很多优于其他颜料的特征：干燥后为柔韧薄膜，坚固耐磨，耐水，抗腐蚀，抗自然老化，不褪色，不变质脱落，画不反光，画好后易于冲洗，适合于作架上画、室内外壁画等。

墙绘能保持多久，是否容易褪色，如何打理？

　　家庭装饰墙面的寿命也就 10 年左右，墙绘能保持 10 多年不褪色，与墙面基本同寿命，除非是墙面本身的涂料质量不好，会导致掉皮，因为丙烯是与水直接溶到墙上去的。有灰尘与污斑直接用干毛巾或稍微湿一些的抹布擦拭即可。

 墙绘在什么时间作画最好？

　　一般分两种情况作画，一种为正在装修的墙面乳胶漆已好，另一种为家具已进入居室。两种情况各有优劣，前一种是在装修前期墙绘工作组已介入设计，后一种是根据家庭装饰来设计以达到墙绘的美感最大化。

 外墙漆可以刷内墙吗？
与内墙漆相比，各自的特殊要求是什么？

外墙漆刷内墙，从环保角度讲没问题，但内、外墙乳胶漆有各自的特殊要求		
	外墙漆	**内墙漆**
抗紫外线照射	用于涂刷建筑外立面，最重要的一项指标是抗紫外线照射，要达到长时间照射不变色	用于室内墙面粉刷，对抗紫外线要求比起外墙漆就低得多
耐擦洗性能	要求有抗水性能，要求有自洗性。漆膜要硬、平整，脏污一冲就掉	对耐擦洗的性能要求高，家居生活中较易弄脏墙面，可随时用水擦拭

　　备注：外墙漆能用于内墙涂刷使用是因为它也具有抗水性能，而内墙漆却不具备抗晒功能，所以不能用来涂刷外墙，但尽量还是专项专用为好。内、外墙漆对环保有相同要求，不必担心外墙漆的环保指标低

 阳台上应刷什么漆最好？

　　环氧树脂涂料具有良好的耐水性、黏附性和耐化学腐蚀性，适用于住宅的阳台，但价格偏高。无机高分子涂料具有良好的耐水性、耐候性、耐污染性，并具有表面硬度高、成膜温度低等优点，也可适用于阳台。

如何选择适合的地板手刷漆？

溶剂型漆和水性漆是地板手刷漆的两大类别	
溶剂型漆	多以二甲苯为溶剂，当二甲苯挥发后，地板漆即形成。这种漆含有二甲苯及甲醛。溶剂型聚酯漆的缺点是含有游离有机异氰酸酯，可导致哮喘病，有害健康；不耐划伤、不能用于软木地板，很难在原有的漆面上再刷漆；多数情况下一天只能刷一遍漆；用溶剂来清理刷漆工具，漆面容易变黄。刷过漆的地板需较长时间通风才可将残余二甲苯挥发完，对人体非常有害
水性漆	水性地板漆的优点是无毒、无溶剂的气味；容易在原漆面上再刷漆，不变黄；一天可以刷3遍漆，快干；比溶剂型更耐磨，更环保；可最大限度地保持木地板的本色与质感；施工方便，不必搬家施工；刷漆工具可以水洗；产品分亮光、亚光和半亚光，可供多种选择。水性漆是用水作溶剂，水挥发后，漆膜形成，无二甲苯、甲醛等物质，是非常环保的地板漆，刷完漆后第二天即可入住

 油漆有保质期吗？

　　油漆的保质期基本为出厂之后12个月，也有部分知名品牌的聚酯漆保质期为出厂之后24个月。在购买油漆时首先应查看产品包装上的出厂日期和保质期，以防买到已过保质期或即将过保质期的油漆产品。

 # 装饰壁纸篇

 家居装修中的常用壁纸有哪些？

类别	特点
纸面壁纸	发展最早的壁纸，基底透气性好，能使墙体基层中的水分向外散发，不致引起变色、鼓包等现象。比较便宜，但性能差、不耐水、不耐擦洗，容易破裂，也不便于施工

类别	特点
塑料壁纸	以优质木浆纸为基层，以聚氯乙烯塑料为面层，经印刷、压花、发泡等工序加工而成。品种繁多，色泽丰富，有仿木纹、石纹、锦缎的，也有仿瓷砖、黏土砖的，在视觉上可达到以假乱真的效果，是目前被使用最多的一种壁纸
纺织壁纸	又称纺织纤维壁布或无纺贴壁布，其原材料主要是丝、棉、麻等纤维，由这些原料织成的壁纸（壁布）具有色泽高雅、质地柔和、手感舒适和弹性好的特性
天然材料壁纸	用草、麻、木材、树叶等天然植物制成的壁纸。具有阻燃、吸声、散潮的特点，装饰风格自然、古朴、粗犷，给人以置身自然原野的美感
玻纤壁纸	又称玻璃纤维壁布，是以玻璃纤维布作为基材，表面涂树脂、印花而成的新型墙面装饰材料。花样繁多，色彩鲜艳，在室内使用不褪色、不老化，防火、防潮性能良好，可以刷洗，施工也比较简便
金属膜壁纸	是在纸基上涂布一层电化铝箔而制得，具有不锈钢、黄金、白银、黄铜等金属质感与光泽无毒，无气味，无静电，耐湿、耐晒，可擦洗，不褪色，是一种高档裱糊材料，用该壁纸装修的建筑室内能给人以金碧交辉、富丽堂皇的感受

 家装中壁纸和壁布相比哪种更好？

在家庭的装饰中，选择壁纸和壁布均可，可根据实际情况来选择	
壁纸	以壁纸来说，从低端到高端，选择很多样。一般来说，纸面纸底、胶面纸底和胶面布底这三类壁纸是普遍采用的。但是如果家中有幼童，应尽量使用胶面纸底或是胶面布底的壁纸，因为这两类壁纸可用水擦拭，较易清理，并且也较耐刮
壁布	壁布的价位比壁纸高，具有隔声、吸声和调节室内湿度等功能。大致上可分为布面纸底、布面胶底和布面浆底。如果需要防水、耐磨和耐刮的特性，布面胶底是不错的选择。但是如果还在意防火的特性，那么布面浆底类的壁布将是不二的选择

 壁纸有毒吗？

认为壁纸有毒、对人体有害的观念是错误的。从壁纸生产技术、工艺和使用上来讲，PVC树脂不含铅和苯等有害成分，与其他化工建材相比，可以说壁纸是没有毒性的；从应用角度讲，发达国家使用壁纸的量和面，远远超过我国。也就是说，无论从技术层面还是应用层面来看，壁纸都是没有毒性的，对人体是无害的。

 壁纸可以经常性更换吗？

壁纸的最大特点就是可以随时更新，经常不断改变居住空间的气氛，常有新鲜感。如果每年能更换一次，改变一下居室气氛，无疑是一种很好的精神调节和享受。国外发达国家的家庭有的一年一换，有的一年换两次，有的甚至连圣诞节、过生日都要换一下家中的壁纸。

 壁纸容易脱落吗？

容易脱落不是壁纸本身的问题，而是粘贴工艺和胶水的质量问题。使用壁纸不但没有害处，而且有四大好处：一是更新容易；二是粘贴简便；三是选择性强；四是造价便宜。

 儿童房最好选用什么样的壁纸？

儿童房选择壁纸最重要的原则就是要环保。儿童对外界污染的抵抗能力较成年人弱，因此儿童房所选用材料的材质应尽量天然，加工程序越少越好，以保证居住其间的儿童的身心健康。最佳选择为纸基壁纸。纸基壁纸由纸张制作而成，透气性好，夹缝不易爆裂，具有良好的环保性；纸基壁纸相对其他壁纸，更适合在儿童房中使用。另外，儿童喜欢新鲜事物，长久地使用同一种花色的壁纸，有时会使其感到厌烦。另外，由于儿童天性好动，壁纸贴上不久就会被破坏，需要更换。纸基壁纸的价格较便宜，可随时更换。

 如何鉴别壁纸的质量？

序号	概述
1	天然材质或合成（PVC）材质，简单的方法可用火烧来判别。一般天然材质燃烧时无异味和黑烟，燃烧后的灰尘为粉末白灰；合成（PVC）材质燃烧时有异味及黑烟，燃烧后的灰为黑球状
2	好的壁纸色彩牢固，可用湿布或水擦洗而不发生变化
3	选购时，可以贴近产品闻其是否有任何异味。有异味的产品可能含有过量甲苯、乙苯等有害物质，不宜购买
4	壁纸表面涂层材料及印刷颜料都需经优选并严格把关，才能保证壁纸经长期光照后（特别是浅色、白色墙纸）不发黄

序号	概述
5	看图纹风格是否独特，制作工艺是否精良

 326 壁纸该如何保养？

序号	概述
1	发泡壁纸布容易积灰，会影响美观和整洁。应每隔 3～6 个月清扫一次，用吸尘器或毛刷蘸清水擦洗，注意不要将水渗进接缝处
2	粘贴好的壁纸要注意防止硬物或尖利的东西刮碰。若干时间后，对有的地方接缝开裂，要及时予以补贴，不能任其发展
3	卫浴间的壁纸在墙面挂水珠和水蒸气时要及时开窗和排气扇，或先用干毛巾擦拭干净水珠，因为如果长期如此，会使壁纸质量受损，出现白点或起泡
4	太干燥的房间，要及时开窗，避免阳光直射时间过长，否则对深色的壁纸色彩有较大的负面影响

装饰玻璃篇

 327 平板玻璃在家居中该如何运用？

普通平板玻璃产量最大，用量最多，也是进一步加工成具有多种性能玻璃的基础材料。具有透光、隔热、隔声、耐磨、耐气候变化等性能，有的还有保温、吸热、防辐射等特征，被广泛应用于建筑物的门窗、墙面、室内装饰等。

尺寸	应用
3～4 毫米玻璃	主要用于画框表面
5～6 毫米玻璃	主要用于室内窗户、门扇、柜等小面积透光造型等
7～9 毫米玻璃	主要用于室内屏风等较大面积但又有框架保护的造型之中
9～10 毫米玻璃	可用于室内大面积隔断、栏杆等装修项目
11～12 毫米玻璃	可用于地弹簧玻璃门和一些活动人流较大的隔断之中

尺寸	应用
15 毫米以上玻璃	一般市面上销售较少，主要用于较大面积的地弹簧玻璃门外墙整块玻璃的墙面

 328 平板玻璃该如何选购？

序号	概述
1	平板玻璃的外表为无色透明的或稍带淡绿色
2	玻璃的薄厚应均匀，尺寸应规范
3	平板玻璃内部没有或少有气泡、结石和波筋、划痕等疵点
4	最影响平板玻璃质量的是疙瘩，因此购买时要重点检查

 329 钢化玻璃在家居中该如何运用？

钢化玻璃又称强化玻璃，是通过加热到一定温度后再迅速冷却的方法进行特殊处理的玻璃。特性是强度高、耐酸、耐碱，其抗弯曲强度、耐冲击强度比普通平板玻璃高 3～5 倍。钢化玻璃的安全性能好，有均匀的内应力，破碎后呈网状裂纹。当其被撞碎时各个碎块不会产生尖角，不会伤人，在家居中广泛运用于隔断设计。

330 钢化玻璃该如何选购？

序号	概述
1	查看产品出厂合格证，注意 CCC 标志和编号、出厂日期、规格、技术条件、企业名称等
2	戴上偏光太阳眼镜观看玻璃，钢化玻璃应该呈现出彩色条纹斑
3	有条件的话，用开水对着钢化玻璃样品冲浇 5 分钟以上，可减少钢化玻璃自爆的概率
4	钢化玻璃的平整度会比普通玻璃差，用手使劲摸钢化玻璃表面，会有凹凸的感觉。观察钢化玻璃较长的边，会有一定弧度。把两块较大的钢化玻璃靠在一起，弧度将更加明显

序号	概述
5	在光的下侧观察玻璃，钢化玻璃会有发蓝的斑

 夹层玻璃和夹丝玻璃都属于安全性玻璃吗？有什么区别？

类别	特点
夹层玻璃	是一种安全玻璃，主要特性是安全性好。玻璃破碎时，玻璃碎片不零落飞散，只能产生辐射状裂纹，碎片也会粘在薄膜上，破碎的玻璃表面仍保持整洁光滑，有效防止了碎片扎伤人和穿透坠落事件的发生，多用于与室外接壤的门窗
夹丝玻璃	又称防碎玻璃、钢丝玻璃，普遍应用于家庭装修装饰，如背景、隔断、玄关、屏风、门窗等。夹丝玻璃的特点是安全性和防火性好。在出现火情且火焰蔓延时，会使夹丝玻璃受热炸裂，但由于金属丝网的作用，玻璃仍能保持固定，隔绝火焰，故又称为防火玻璃

 中空玻璃在家居中该如何运用？

中空玻璃可制成不同颜色或镀上具有不同性能的薄膜，整体拼装应在工厂完成。由于玻璃片中间留有空腔，因此具有良好的保温、隔热、隔声等性能。如果在空腔中充以各种漫射光线的材料或介质，则可获得更好的声控、光控、隔热等效果，是家居中的一种高品质装修材料。

 中空玻璃该如何选购？

中空玻璃主要用于需要采暖、防止噪声、结露及需要无直射阳光和需要特殊光线的住宅，其光学性能、导热系数、隔声系数均应符合国家标准。选购时要注意双层玻璃不等于中空玻璃，真正的中空玻璃并非"中空"，而是要在玻璃夹层中间充入干燥空气或是惰性气体。手工作坊的方式是直接把两片玻璃和间隔条用胶粘接起来制作门窗，这样做会使其在气温骤变时形成水雾，影响使用。

 玻璃砖在家居中该如何运用？

玻璃砖既有分隔作用，又能将光引入室内，且有良好的隔声效果，因此常应用于外墙或室内间隔，提供良好的采光效果，并有延续空间的感觉。无论是单块镶嵌使用，还是整片墙面使用，皆有画龙点睛的效果。

玻璃砖该如何选购？

空心玻璃砖的外观质量不允许有裂纹，玻璃坯体中不允许有不透明的未熔物，不允许两块玻璃体之间的熔接及胶接不良。目测砖体不应有波纹、气泡及玻璃坯体中的不均物质所产生的层状条纹。玻璃砖的大面外表面里凹应小于1毫米，外凸应小于2毫米，重量应符合质量标准，无表面翘曲及缺口、毛刺等质量缺陷，角度要方正。

 热熔玻璃在家居中该如何运用？

热熔玻璃图案丰富、立体感强，解决了普通平板玻璃立面单调呆板的感觉，使玻璃面有线条和生动的造型，满足了人们对建筑、装饰等风格多样和美的追求。热熔玻璃具有吸声效果，光彩夺目，格调高雅，其珍贵的艺术价值是其他玻璃产品无可比拟的。因其独特的玻璃材质和艺术效果而被十分广泛地应用，常应用于隔断、屏风、门、柱、台面、文化墙、玄关背景、顶面等装饰部位。

 磨（喷）砂玻璃在家居中该如何运用？

磨（喷）砂玻璃又称为毛玻璃，具有透光不透明的特点，它能使室内光线柔和而不刺眼。磨（喷）砂玻璃可用于表现界定区域却互不封闭的地方，如制作屏风。一般常用于卫浴间、门窗隔断等空间，也可用于黑板、灯罩、家具、工艺品等。

 彩绘镶嵌玻璃在家居中该如何运用？

彩绘玻璃是一种高档玻璃品种。它是用特殊颜料直接着墨于玻璃上，或者在玻璃上喷雕、镶嵌成各种图案再加上色彩制成的。彩绘玻璃能逼真地对原画复制，而且画膜附着力强，耐候性好，可进行擦洗。其图案丰富亮丽，可将绘画、色彩、灯光融于一体。居室中彩绘玻璃的恰当运用，能较自如地创造出一种赏心悦目的和谐氛围，增添浪漫迷人的现代情调。

 彩绘镶嵌玻璃和普通玻璃相比有什么不同？

序号	概述
1	与普通玻璃制品相比，彩绘玻璃的工艺更为复杂，成品也具有很高的收藏价值。彩绘玻璃上的美丽图案，都是设计师绘画作品的再现。设计师在选择了绘画内容、形式之后，交给工匠制作拼接，把经过精致加工的小片异形玻璃用金属条镶嵌焊接，最终制成一幅完整的图案

序号	概述
2	制作彩绘玻璃的原材料是比较稀有的,特别是一些肌理特殊的原料,需要从国外进口。而制作过程也容不得丝毫马虎,稍有失误,一块原料就报废了
3	彩绘玻璃自身包含的艺术性和制作工艺的高技巧让它拥有不菲的身价,目前市场价格通常在 2000 ~ 4000 元,远远高出其他玻璃制品
4	彩绘玻璃虽然制作工艺复杂,但清洁起来却非常容易。因为玻璃本身的颜色和肌理在制作时就已冶炼形成,所以不必担心擦拭时颜色脱落或起变化,普通的清洁就可以了

 冰花玻璃在家居中该如何运用?

冰花玻璃是一种利用平板玻璃经特殊处理形成具有不自然冰花纹理的玻璃,可用无色平板玻璃制造,也可用茶色、蓝色、绿色等彩色玻璃制造。其装饰效果给人一种清新之感,是一种新型的室内装饰玻璃,可用于门窗、隔断、屏风和家庭装饰等。另外,冰花玻璃对通过的光线有漫射作用,如用作门窗玻璃,犹如蒙上一层纱帘,看不清室内的景物,却有着良好的透光性能,具有很好的装饰效果。

 镜面玻璃在家居中该如何运用?

镜面玻璃即镜子,其涂层色彩有多种,常用的有金色、银色、灰色、古铜色。这种带涂层的玻璃,具有视线的单向穿透性,即视线只能从有镀层的一侧观向无镀层的一侧。同时,它还能扩大建筑物室内的空间和视野,或反映建筑物周围四季景物的变化,使人有赏心悦目的感觉。为提高装饰效果,在镀镜之前可对原片玻璃进行彩绘、磨刻、喷砂、化学蚀刻等加工,形成具有各种花纹图案或精美字画的镜面玻璃。

 哪种玻璃隔声效果好?

双层玻璃隔声好,更准确的说法是夹胶玻璃。中间是 PVC 膜,除了防止玻璃在破碎时飞溅以外,还有很好的吸收声波的作用。一层夹胶膜的厚度是 0.38 毫米,一般窗玻璃采用两层膜(厚度划分 6mm+0.76mm+5mm),大概厚度在 12 毫米,噪声衰减在 40db 左右,当然实际达不到,因为铝合金窗框的隔声效果较差。

 不沿街的房间使用中空玻璃即可,西晒的房间应采用中空镀膜玻璃,空气层一般为 6 毫米或 9 毫米,北方也有用 12 毫米的,主要是保温,多了一块玻璃,当然对隔声也有帮助了。

343 卫浴间想用玻璃作隔断，哪种玻璃比较适合？

很多业主为了提高卫浴间的时尚性，也会采用玻璃进行装饰，多数情况下都是进行局部的装饰点缀。如果是大面积地使用玻璃进行装饰，在选购时一定要注意其安全性，尽量选择如钢化玻璃、夹层玻璃等安全型材料，虽然在价格上相对贵一些，但与使用的安全性相比，费用自然是次要问题了。

门窗材料篇

344 家居中常用门的种类有哪些？

类别	特点	选购技巧
实木门	以取材自天然原木做门芯，经过干燥处理，然后经下料、刨光、开榫、打眼、高速铣形等工序科学加工而成	如果是纯实木门，表面的花纹则会非常不规则，如门表面花纹光滑整齐漂亮的，往往不是真正的实木门
实木复合门	门芯多以松木、杉木或进口填充材料等粘合而成，外贴密度板和实木木皮，经高温热压后制成。具有保温、耐冲击、阻燃等特性，具有手感光滑、色泽柔和的特点，且隔声效果与实木门基本相同	选购实木复合门时，要注意查看门扇内的填充物是否饱满；门边刨修的木条与内框连接是否牢固；装饰面板与框粘结应牢固，无翘边、裂缝，板面应平整、洁净、无节疤、无虫眼，无裂纹及腐斑，木纹应清晰，纹理应美观
压模木门	以木贴面并刷清漆的木皮板面，保持了木材天然纹理的装饰效果，同时也可进行面板拼花。压模木门因价格较实木门和实木复合门更经济实惠，且安全方便，因而受到中等收入家庭的青睐	应注意其贴面板与框连接应牢固，无翘边、裂缝；门扇边刨修过的木条与内框连接应牢固；内框横、竖龙骨排列符合设计要求，安装合页处应有横向龙骨；板面平整、洁净、无节疤、虫眼、无裂纹及腐斑，木纹要清晰，纹理要美观，且板面厚度不得低于3毫米

345 A级防盗门标准，具体是什么概念？

比如市场上一些全钢质、平开全封闭式防盗门，在普通机械手工工具、便携式电动工具等相互配合作用下，其最薄弱环节能够抵抗非正常开启的净时间大于等于5分钟，或应该不能切割出一个穿透门体的615平方厘米的洞口。这样的防盗门才证明是符合A级标准的。

 346 如何选购防盗门？

①监测合格证。合格证必须有法定检测机构出具的检测合格证，并有生产企业所在省级公安厅（局）安全技术防范部门发放的安全技术防范产品准产证。

②等级。安全等级防盗门安全分为A、B、C 3级。C级防盗性能最高，B级其次，A级最低，市面上多为A级，普遍适用于一般家庭。

③材质。材质目前较普遍用不锈钢，美观、耐用、防锈蚀。主要看两点：牌号现流行的不锈钢防盗门材质以牌号302、304为主；钢板厚度门框钢板厚度不小于2厘米，门扇前后面钢板厚度一般在0.8～1厘米之间，门扇内部设有骨架和加强板。

④锁具。锁具合格的防盗门一般采用三方位锁具或五方位锁具，不仅门锁锁定，上下横杆都可插入锁定，对门加以固定。大多数门在门框上还嵌有橡胶密封条，关闭时不会发出刺耳的金属碰撞声。是否采用经公安部门检测合格的防盗专用锁，在锁具处应有3.0毫米以上厚度的钢板进行保护。

⑤工艺质量。注意看有无开焊、未焊、漏焊等缺陷，看门扇与门框配合等所有接头是否密实，间隙是否均匀一致，开启是否灵活，油漆电镀是否均匀牢固、光滑等。

⑥服务。安装好防盗门后要检查钥匙、保险单、发票和售后服务单等配件和资料与防盗门生产厂家提供的配件和资料等是否一致。

 347 不同家居空间该如何选门？

家居空间	选择方式
卧室	卧室门强调私密，所以大多数均采用板式门
书房	书房门可用透光玻璃或全玻璃门，也可用磨砂、布纹、彩条、电镀等艺术玻璃，规格与卧室门相同。其中，磨砂玻璃与铁艺结合的书房门，因其优美的曲线，可以给书房增添不少光彩

家居空间	选择方式
厨房	厨房门设计款式比较多，根据采光的要求，通透的玻璃门是厨房门的最佳选择。厨房选用大面积玻璃，既能起到隔离油烟的作用，又可以展示主人精心选购的橱柜。若为充分节省空间，厨房门也可以考虑用折叠门来做
卫浴间	卫浴间门只能透光不能透视，宜装双面磨砂或深色雾光玻璃。如果使用板式门，也可在门中央选用一小块长条毛玻璃装饰，在卫浴间使用状况下，既保证了私密，又让外面的人可见到光线，避免打扰

装修全能王——你问我答，没有不知道的家装问题

 多角形淋浴拉门在卫浴中该如何运用？

现在市场上出现越来越多型的淋浴拉门，有升形、多角形和圆弧形之分。升形拉门的开口可分为直角和单面进入两种，选择直角进入的好处在于能有效地利用浴室面积，扩大使用率；而圆弧形的淋浴门较为美观，借由两面墙面所产生的直角来安装淋浴拉门，能够妥善运用在一般卫浴设计上比较不好处理的转角区域，而且占地面积比同样也是安装于角落的升形拉门还要求的小一点。

 如何选购玻璃推拉门？

①检查密封性。目前市场上有些品牌的推拉门由于其底轮是外置式的，因此两扇门滑动时就要留出底轮的位置，这样会使门与门之间的缝隙非常大，密封性无法达到规定的标准。

②要看轮底质量。只有具备超大承重能力的底轮才能保证良好的滑动效果和超常的使用寿命。承重能力较小的底轮一般只适合做一些尺寸较小且门板较薄的推拉门，进口优质品牌的底轮，具有 180 千克承重能力及内置的轴承，适合制作任何尺寸的滑动门，同时具备底轮的特别防震装置，可使底轮能够应付各种状况的地面。

 塑钢门窗和铝合金门窗哪个更好些？各有什么特点？

类别	特点
塑钢门窗	塑钢门窗具有良好的气密性、水密性、抗风压性、隔声性、防火性，成品具有尺寸精度高、不变形、容易保养的特点

类别	特点
铝合金门窗	铝合金门窗加工精细，安装讲究，密封性能好，开关自如。在一般情况下，优质铝合金门窗因生产成本高，价格比劣质铝合金门窗要高30%左右。有些有壁厚仅0.6～0.8毫米铝型材制作的铝合金门窗，抗拉强度和屈服强度大大低于国家有关标准规定，使用很不安全

 351 推拉窗和平开窗各有什么特点？

类别	特点
推拉窗	通过轨道与滑轮，使窗扇在框轨道上相对滑动，水平开启的窗。首先，由于该型窗承受的风荷载作用远远小于平开窗，且对型材惯性矩要求低，有利于合理缩小型材截面，节约造价。其次，开启灵活，不占空间，工艺简单，不易损坏，维修方便。适用于各类对通风、密封、保温要求不高的建筑
平开窗	平开窗在关闭锁紧状态，橡胶密封条在框扇密封槽内被压紧并产生弹性变形，形成一个完整密封体系，隔热、保温、密封、隔声性能较好。同时在开启状态窗扇能全部打开，通风换气性能也好。适用于寒冷、炎热地区建筑或对密封、保温有特殊要求的建筑。一些地区的建设管理部门规定，在高层建筑上禁止用外平开窗

常用五金件篇

 352 门锁该如何选购？

序号	概述
1	选择有质量保证的生产厂家生产的名牌锁，同时看门锁的锁体表面是否光洁，有无影响美观的缺陷
2	注意选购和门同样开启方向的锁。同时将钥匙插入锁芯孔开启门锁，看是否畅顺、灵活
3	注意家门边框的宽窄，球形锁和执手锁能安装的门边框不能小于90厘米。同时旋转门锁执手、旋钮，看其开启是否灵活

序号	概述
4	一般门锁适用门厚 35～45 毫米，但有些门锁可延长至 50 毫米。同时查看门锁的锁舌，伸出的长度不能过短
5	部分执手锁有左右手分别。由门外侧面对门，门铰链在右手处，即为右手门；在左手处，即为左手门

 防盗门锁芯如何选购？

现在市面上使用的防盗门锁芯基本上分三级	
A 级	A 级锁芯的防破坏性开启时间大于 15 分钟，防技术性开启时间大于 1 分钟
B 级	B 级锁芯的防破坏性开启时间大于 30 分钟，防技术性开启时间大于 5 分钟
超 B 级	超 B 级防盗门锁芯的防技术性开启时间大于 4 个小时。因此在选购时可以找商家要简介、报告，结合价格参考标准选购

354 拉手该如何选购？

选购时主要是看外观是否有缺陷、电镀光泽如何、手感是否光滑等；需根据自己喜欢的颜色和款式，配合家具的式样和颜色，选一些款式新颖、颜色搭配流行的拉手。此外，拉手还应能承受较大的拉力，一般拉手应能承受 6 千克以上的拉力。

355 合页该如何选购？

目前普通合页的材料主要分为全铜和不锈钢两种。单片合页面积标准为 100 毫米 ×30 毫米和 100 毫米 ×40 毫米，中轴直径在 11～13 毫米，合页板厚为 2.5～3 毫米，为了开启轻松且噪声小，挑选合页时应选合贞中轴内含滚珠轴承的为佳。

 门吸的功用是什么？

门吸是安装在门后面的一种小五金件。在门打开以后，通过门吸的磁性稳定住，防止门被风吹后会自动关闭，同时也防止在开门时用力过大而损坏墙体。常用的门吸也称作"墙吸"。

目前市场还流行一种门吸，称为"地吸"，其平时与地面处于同一个平面，打扫起来很方便；当关门的时候，门上的部分带有磁铁，会把地吸上的铁片吸起来，及时阻止门撞到墙上。

 357　滑轨道的功用是什么？

滑轨道是使用优质铝合金或不锈钢等材料制作而成的。按功能一般分为抽屉轨道、推拉门轨道、窗帘轨道、玻璃滑轮等。如抽屉滑轨由动轨和定轨组成，分别安装在抽斗与柜体内侧两处。新型滚珠抽屉导轨分为二节轨、三节轨两种，选择时应注意外表油漆和电镀的光亮度，重轮的间隙和强性决定了抽屉开合的灵活和噪声，应挑选耐磨及转动均匀的承重轮。

 358　窗帘杆材料有哪几种？在家居中如何应用？

窗帘杆的材料以金属和木质为主，材质不同，风格各异。如铁艺杆头的艺术窗帘杆，搭配丝质或纱质的装饰布，用在卧室中，可以产生刚柔反差强烈的对比美；而木质雕琢杆头，则给人以温润的饱满感，使用范围和搭配风格不太受限制，适用于各种功能的居室。

 359　开关插座该如何选购？

①外观。开关的款式、颜色应该与室内的整体风格相吻合。

②手感。品质好的开关大多使用防弹胶等高级材料制成，防火性能、防潮性能、防撞击性能等都较高，表面光滑。好的开关插座的面板要求无气泡、无划痕、无污迹。开关拨动的手感轻巧而不紧涩，插座的插孔应装有保护门，插头插拔应需要一定的力度并单脚也无法插入。

③重量。铜片是开关插座最重要的部分，应具有相当的重量。在购买时可掂量一下单个开关插座，如果是合金的或者薄的铜片，手感较轻，那么品质就很难保证。

④品牌。开关的质量不仅关乎到电器的正常使用，甚至还影响着生活、工作的安全。低档的开关插座使用时间短，需经常更换。而知名品牌会向业主进行有效承诺，如"质保12年""可连续开关10000次"等，所以建议业主购买知名品牌的开关插座。

⑤注意开关、插座的底座上的标识。如国家强制性产品认证（CCC）、额定电流电压值；产品生产型号、日期等。

 360　安全插座是如何实现"安全"的？

现在市场出售的安全插座的孔内有挡片，可防止手指或者其他物品插入，用插头可以推开挡片插入。这样有效防止了使用中（特别是儿童）的触电危险。

厨房水龙头选择哪种好？

①**龙头可以旋转360°角度**。为方便使用，厨房水龙头要选高一些的，出水嘴也要选长的，最好是伸展到排水口上方，而且还不能溅水。如果厨房里有热水管线，这种水龙头也应该是双联的，为满足各种使用需要，厨房水龙头一般都能360°旋转。

②**不锈钢的材质**。厨房水龙头的材质一般为黄铜，也就是市面上最常见的纯铜龙头。但是由于厨房环境的特色，纯铜龙头并不一定是最好的选择。所有的纯铜龙头在最外层都有电镀，电镀的作用是防止内部的黄铜腐蚀和生锈。如果要选择全铜厨房水龙头，一定要确定有优秀的电镀，否则很容易造成龙头生锈腐蚀。现在已经有部分厂商使用优质304不锈钢制造龙头，优质不锈钢制造的龙头具有不含铅、耐酸、耐碱、不受腐蚀、不释放有害物质、不会污染自来水源的特点，并且不锈钢龙头不需要电镀，清洁起来十分方便。

③**要注意水嘴长能否兼顾两边水槽**。在购买时要注意水盆和龙头水嘴的长度，如果厨房是双盆，要注意水嘴长度是否能够在旋转时同时兼顾到两边的水槽。现在大部分的厨房龙头都能实现龙头主体的左右旋转，而水嘴部分，抽拉式龙头能够将水嘴抽出，方便清洁到水槽的各个角落，其缺点在于在抽出水嘴时必须空出一只手来握水嘴。

④**具有防钙化系统与防倒流系统**。防钙化系统：在莲蓬头和自动清洗系统中都会沉积钙质，同样情况也发生在水龙头上，那里会有硅藻集起来。一体化的空气清洗器有防钙化系统，在内部也能阻止设备被钙化。防倒流系统：该系统阻止脏水被抽吸进清水管里，由一层层材料构成。装有防倒流系统的设备都会在包装表面示以DVGM通过标志。

 水龙头该如何选购？

序号	概述
1	好的龙头表面镀铬工艺是十分讲究的，一般都是经过几道工序才能完成。分辨水龙头好坏要看其光亮程度，表面越光滑越亮代表质量越好
2	好的龙头在转动把手时，龙头与开关之间没有过大的间隙，而且开关轻松无阻，不打滑。劣质水龙头不仅间隙大，受阻感也大
3	龙头的材质是最好分辨的。好龙头是整体浇铸铜，敲打起来声音沉闷。如果声音很脆，那一定是不锈钢的，质量就要差一个档次了
4	水龙头的阀芯决定了水龙头的质量。因此，挑选好的水龙头首先要了解水龙头的阀芯。目前常见的阀芯主要有三种：陶瓷阀芯、金属球阀芯和轴滚式阀芯。陶瓷阀芯的优点是价格低，对水质污染较小，但陶瓷质地较脆，容易破裂；金属球阀芯具有不受水质的影响、可以准确地控制水温、拥有节约能源的功效等优点；轴滚式阀芯的优点是手柄转动流畅，操作容易简便，手感舒适轻松，耐老化、耐磨损

角阀的作用是什么？

作用	内容
转接作用	可以转接内外出水口
调节水压	如果水压太大，可以在三角阀上面调节，关小一点
开关作用	如果龙头漏水等现象发生，可以把三角阀关掉，不必关家中的总阀
美观作用	一般新房装修都是必不可少的水暖配件，所以装修新房时设计师也都会提到

 角阀该如何选购？

①看材质。铜材质最佳，使用寿命长。铜质材质相对较重，购买时可以掂一掂，对比一下。现在角阀不少用的是锌合金，虽然便宜，但是容易断裂，引发跑水现象。

②看阀芯。阀芯是角阀的心脏，关不关的牢、寿命年限全部与它有关。由于阀芯在外观看不到，只能试手感，太重使用不方便，手感太轻的，用不了多久会漏水。因此选择手感柔和的角阀，寿命相对比较长。

③看电镀光泽。好的角阀表面光洁锃亮，用手摸顺滑无瑕疵。

④看品牌。选择大品牌、在正规卖场购买，相对质量都还比较可靠。

 卫浴五金包括哪些？

卫浴五金件包括洗面池龙头、洗衣机龙头、延时龙头、花洒、皂碟架、皂碟、单杯架、单杯、双杯架、双杯、纸巾架、厕刷托架、厕刷、单杆毛巾架、双杆毛巾架、单层置物架、多层置物架、浴巾架、美容镜、挂镜、皂液器、干手器等。

 卫浴五金该如何选购？

①看材质。卫浴配件用品既有铜质的镀塑产品，也有铜质的抛光铜产品，更多的是镀铬产品，其中以钛合金产品最为高档，再依次为铜铬产品、不锈钢镀铬产品、铝合金镀铬产品、铁质镀铬产品乃至塑质产品。

②看镀层。挑五金件首先看镀层好不好，一般来说，表面越光亮细腻，镜面效果越明显，镀层工艺处理得越好。

Chapter 3 没有不知道的选材技巧

121

③看工艺。通过严格工艺标准加工的产品，往往历经复杂的机械加工、抛光、焊接、检验等工序，产品不仅外形美观，使用性能好，而且手感极好，均匀细滑且无瑕疵。

厨卫产品篇

 367 洗面盆有哪些种类？

传统的洗面盆只注重实用性，而现在流行的洗面盆更加注重外形、单独摆放，其种类、款式和造型都非常丰富。一般分为台式面盆、立柱式面盆和挂式面盆三种，而台式面盆又有台上盆、上嵌盆、下嵌盆及半嵌盆之分；立柱式面盆又可分为立柱盆及半柱盆两种。从型式上分为圆形、椭圆形、长方形、多边形等。从风格上分为优雅形、简洁形、古典形和现代形等。

 368 家中常用的洗面盆分别有什么特点？

类别	特点
立柱式面盆	比较适合于面积偏小或使用率不是很高的卫浴间（比如客卫），大多设计很简洁，给人以干净、整洁的外观感受。而且，在洗手的时候，人体可以自然地站立在盆前，从而使用起来更加方便、舒适
台式面盆	比较适合安装于面积比较大的卫浴间，可制作天然石材或人造石材的台面与之配合使用，还可以在台面下定做浴室柜，盛装卫浴用品，美观实用
台上盆	安装比较简单，使用时台面的水不会顺缝隙向下流。因为台上盆的造型、风格多样，且装修效果比较理想，所以在家庭中使用得比较多
台下盆	对安装工艺要求较高。整体外观整洁，比较容易打理，在公共场所使用较多。但是盆与台面的接合处比较容易藏污纳垢，不易清洁

 369 洗面盆选购的要点是什么？

首先，应该根据自家卫浴面积的实际情况来选择洗面盆的规格和款式。如果面积较小，一般选择柱盆或角型面盆，可以增强卫浴间的通气感；如果卫浴间面积较大，选择台盆的自由度就比较大了，有沿台式面盆和无沿台式面盆都比较适用，台面可采用大理石或花岗岩材料。

其次，由于洁具产品的生产设计往往是系列化的，所以在选择洗面盆时，一定要与已选的坐便器和浴缸等大件保持同样的风格系列，这样才具备整体的协调感。

 浴柜台面的常用材料有哪些？

材料	概述
陶瓷	虽然陶瓷是十分常见的材料，但不特别推荐使用，因为陶瓷属于易碎品，很多厂家生产的厚度也没有达到安全标准，所以要买也一定要买大品牌
大理石	色彩、纹理丰富多样，并且硬而不脆，还可以加工成各种各样的形状，因为大理石在尺寸方面可以灵活掌控，它完全吻合定制浴室柜的尺寸要求
石英石	硬度、强度、耐磨性都很高，在使用过程中不易划花，并且还防渗漏，完全不用担心化妆品、牙膏等掉落在台面上

371 浴柜柜体的常用材料有哪些？

材料	概述
刨花板	材料成本低廉，吸水率高，但防水性差。如果预算足够，尽量不要选择
中纤板	材料加工方便，但胶粘剂中含甲醛等人体有害物质，防水性能也不够理想，也不是好的选择
实木板	颜色天然，又无化学污染，是健康、时尚的好选择
不锈钢	材质环保、防潮、防霉、防锈、防水，但和实木板相比显得过于单薄。因为在色泽方面，不锈钢浴室柜只有冰冷的银白色，并且厚度也远远不如实木有质感
PVC	用PVC材料做成的浴室柜色泽丰富鲜艳、款式多样，是年轻业主的首选，但PVC材料很容易褪色，也比较容易变形
人造石	色彩艳丽、光泽如玉，酷似天然大理石的制品，是不错的浴室柜选择
钢化玻璃	一般浴室柜使用的都是钢化玻璃，装饰性的钢化玻璃具有耐磨、抗冲刷、易清洗的特点，因此也成为了很多业主首选的浴室柜材料

坐便器有哪几种排水方式？它们有什么区别？

坐便器按下水方式可分为冲落式、虹吸冲落式和虹吸旋涡式等。冲落式及虹吸冲落式注水量约6升，排污能力强，只是冲水时声音大；而旋涡式一次用水量大，但有良好的静音效果。业主不妨试试直冲虹吸式坐便器，它兼有直冲、虹吸两者的优点，既能迅速冲洗污物，也可起到节水的作用。

 连体坐便器和分体坐便器有什么区别？哪个好？

类别	特点
连体坐便器	造型现代，相对分体水箱位低，用的水稍微多一些，价格比分体普遍高。连体一般为虹吸式下水，冲水静音。由于连体水位低，所以一般连体的坑距短，为的是增加冲洗力。连体不受坑距的限制，只要小于房屋坑距就行
分体坐便器	水位高，冲力足，款式多，价格最大众化。分体一般为冲落式下水，冲水噪声较大。分体坐便器选择性受坑距的限制，如果小于坑距很多，一般考虑在坐厕背后砌一道墙来解决

备注：如果家里有老人和很小的孩子，建议不要使用分体坐便器，因为分体坐便器噪声大，容易影响到他们的生活，特别是半夜上厕所，更会影响到他们的睡眠

 选购坐便器的水箱配件有什么要求？

坐便器的水箱配件很容易被人忽略，其实水箱配件好比是坐便器的心脏，更容易产生质量问题。购买时要注意选择配件质量好，具有注水噪声低，坚固耐用，经得起水的长期浸泡而不腐蚀、不起水垢的产品。

 哪些因素决定了坐便器的质量和价格？

①排水方式。分体式坐便器有三种排水方式：直排水、虹吸排水和混合排水，其中直排水在中低档坐便器中被广泛采用，高档分体式坐便器而大多采用虹吸排水或混合排水。连体式坐便器都设计成虹吸排水。虹吸排水不仅噪声低，对坐便器的冲排也较干净，还能消除臭气，但由于设计复杂，制作成本高于直排水。

②烧釉工艺。瓷表面质量好坏，可从颜色、光亮度和防渗透率的大小反映出来。好的瓷表面，

防渗透率高，不容易被侵蚀；不好的瓷表面，防渗透率低，容易被其他物质渗入，会留下水渍和水垢，怎么擦洗都无济于事，有些坐便器底部留下的黄色斑迹便是瓷表面不好的结果。

❸坯泥。坯泥的用料和厚度对于坐厕要薄一些，这也是分体式比连体式便宜的一个因素。其他对价格产生重要影响的还有排水配件、防漏水设计、坐便器盖用材、尺寸大小、颜色、其他功能设计、非陶瓷材料等。

 坐便器是不是越节水越好？

在坐便器的横向冲刷距离上，新国标规定的是 10.5 米，只有达到这一冲刷距离才能保证将污物冲出房屋，而所谓一些 2 升、3 升的节水坐便器只是将污物冲出了坐便器并没真正冲出存水弯，有可能造成污物回流。所以不能单从用水量来决定其是否节水，应该考虑整体因素，考虑产品与房屋建筑的关系，防臭防堵效果等。

 家居中常用浴缸有哪些种类？分别有什么特点？

类别	特点
钢板浴缸	不易脏，方便清洁，不易褪色，光泽持久，而且易成型，造价便宜。但因钢板较薄、坚固度不够，而具有噪声大、表面易脱瓷和保温性能不好等缺点
铸铁浴缸	使用寿命长、档次高、易清洗，由于缸壁厚，保温性能也很好。而且铸铁缸光泽度好，使用年限是浴缸中最长的。但因其重量较大，所以搬运、安装都有难度。铸铁浴缸与比亚克力和钢板浴缸相比，价格要贵许多
亚克力浴缸	容易成型、保温性能好、光泽度佳、重量轻、易安装和色彩变化丰富，同时亚克力浴缸造价较便宜。但相对陶瓷、搪瓷表面而言，这种材料的缺点是易挂脏、注水时噪声较大、耐高温能力差、不耐磨和表面易老化变色
木质浴桶	具有保温、环保、占地面积小、易清洗、寿命长、安装方便等优点。但长期干燥的情况下，容易开裂，所以如果长期不用，要在桶内放些水
按摩浴缸	除价格较高之外，还要求卫浴间的面积要大，而且对于水压、电力和安装的要求都很高。优点为可以起到通经活络的作用
冲浪浴缸	按摩水泵温柔舒适，可以一定程度地缓解疲劳；缺点为出水口易积水，易生虫难清洗，噪声大，价格也不便宜

安装浴缸好还是装个淋浴好呢？

①**方便程度不同**。用浴缸，洗澡前后得刷干净，不管是简单的冲洗还是洗的彻底点，都得放水、排水、刷缸，做不少准备工作，比较麻烦；而淋浴扭开龙头就洗，很方便。

②**用水量不同**。浴缸耗水量较大，安装使用还要考虑家中供热水的设备是否能提供足够的热水；而淋浴用水较少，不存在这样的问题。

③**占用空间大小不同**。浴缸占用的空间较大且位置固定，面积小的空间不宜使用；淋浴则不同，占地少，位置也很灵活。

④**舒适程度不同**。淋浴就舒适度而言较浴缸差。

⑤**造价不同**。浴缸的造价相对而言要比淋浴要高，且安装较复杂，维修很困难，当然这都是针对普通家庭的选择而言。对于那些高档的冲浪按摩浴缸和蒸汽浴房来说则各有千秋、另当别论了。对于普通的家庭，选淋浴更合适；条件好的（或有两个卫浴间的）家庭可两者都选。

 浴缸该如何选购？

序号	概述
1	浴缸的大小要根据卫浴间的尺寸来确定，如果确定把浴缸安装在角落里，通常来说，三角形的浴缸要比长方形的浴缸多占空间
2	尺码相同的浴缸，其深度、宽度、长度和轮廓也并不一样，如果喜欢水深点的，溢出口的位置就要高一些
3	对于单面有裙边的浴缸，购买的时候要注意下水口、墙面的位置，还需注意裙边的方向，否则买错了就无法安装了
4	如果浴缸之上还要加淋浴喷头的话，浴缸就要选择稍宽一点的，淋浴位置下面的浴缸部分要平整，且需经过防滑处理
5	浴缸的选择还应考虑到人体的舒适度，也就是人体工程学

 整体橱柜该如何选购？

①**尺寸要精确**。大型专业化企业用电子开料锯通过电脑输入加工尺寸，开出的板尺寸精度非常高，公差单位在微米，而且板边不存在崩茬的现象；而手工作坊型小厂用小型手动开料锯，简陋设备开出的板尺寸误差大，往往在1毫米以上，而且经常会出现崩茬现象，致使板材基材暴露在外。

②**做工要精细**。优质橱柜的封边细腻、光滑、手感好，封线平直光滑，接头精细。而作坊式小厂是用刷子涂胶，人工压贴封边，用壁纸刀来修边，用手动抛光机抛光，由于涂胶不均匀，封边凹凸不平，封线波浪起伏，很多地方不牢固，很容易出现短时间内开胶、脱落的现象，

一旦封边脱落，会出现进水、膨胀的现象，同时大量甲醛等有毒气体挥发到空气中，会对人体造成伤害。

③孔位要精准。孔位的配合和精度会影响橱柜箱体的结构牢固性。专业大厂的孔位都是一个定位基准，尺寸的精度是有保证的。手工小厂则使用排钻，甚至是手枪钻打孔。由于不同的定位基准及在定位时的尺寸误差较大，造成孔位的配合精度误差很大，在箱体组合过程中甚至会出现孔位对不上的情况。这样组合出的箱体尺寸误差较大，不是很规则的方体，而是扭曲的。

④外形要美观。橱柜的组装效果要美观，缝隙要均匀。生产工序的任何尺寸误差都会表现在门板上，专业大厂生产的门板横平竖直，且门间间隙均匀；而小厂生产组合的橱柜，门板会出现门缝不平直、间隙不均匀，有大有小，所有的门板不在一个平面上。

⑤滑轨要顺畅。注意抽屉滑轨是否顺畅，是否有左右松动的状况，以及抽屉缝隙是否均匀。

 如何辨别进口和国产橱柜？

进口橱柜价格是合资的 2 ~ 3 倍，是国产的 4 ~ 5 倍；进口的交货时间长 3 ~ 4 个月，国内 15 ~ 20 天；进口的风格优于国内，但不一定适用中国国情；用材上国外专业化程度高，质量、工艺、做工、细节都有保证，符合欧洲 E1/E2 级环保标准等。

 厨房水槽在形态上有哪些种类？分别适合什么样的户型？

分类	概述
单槽	在厨房空间较小的家庭中使用，因为单槽使用起来不方便，只能满足最基本的清洁功能
双槽	大多数家庭使用，无论两房还是三房，双槽都可以满足清洁及分开处理的需要
三槽	由于多为异形设计，比较适合具有个性风格的大厨房，因为它能同时进行浸泡或洗涤以及存放等多项功能，因此这种水槽很适合别墅等大户型

 水槽该如何选购？

序号	概述
1	选购不锈钢水槽时，先看不锈钢材料的厚度，以 0.8 ~ 1.0 毫米厚度为宜，过薄会影响水槽的使用寿命和强度，过厚则容易损害餐具

序号	概述
2	看表面处理工艺，高光的光洁度高，但容易刮划；砂光的耐磨损，却易聚集污垢；亚光的既有高光的亮泽度，也有砂光的耐久性，一般会有较多的人选择
3	使用不锈钢水槽，表面容易被刮划，所以其表面最好经过拉丝、磨砂等特殊处理，这样既能经受住反复磨损，也可更耐污，清洗方便
4	选择陶瓷水槽重要的参考指标是釉面光洁度、亮度和陶瓷的蓄水率。光洁度高的产品，颜色纯正，不易挂脏积垢，易清洁，自洁性好。另外，吸水率越低的产品越好
5	人造石水槽用眼睛看，颜色清纯不混浊，表面光滑；用指甲划表面，无明显划痕。最重要的是看质检证书、质保卡等证件是否齐全
6	下水管防漏，配件精密度及水槽精度应一致，防堵塞，无渗水滴漏。下水管件分为两个部分：去水头和排水管。去水头按照直径分为110毫米、140毫米、160毫米，按照结构分为钢珠定位、手动定位、提笼结构、自动下水。现在常用的去水头为钢珠定位和提笼结构，相比自动下水，结构复杂且维修不便利，当然口越大下水也会越快
7	排水管现在基本采用PVC材质，PVC就是聚氯乙烯。有回收材料和原料之分，也就是掺杂废料的多少，可以决定成本，简单的测试方法是用手用力捏（最好是有力气的人来做），差的材质易碎，没有弹性

384 家用燃气灶有哪些种类？各有什么特点？

类别	特点
台式燃气灶	分单眼和双眼两种，由于台式燃气灶具有设计简单、功能齐全、摆放方便、可移动性强等优点，因此受到大多数家庭的喜爱
嵌入式燃气灶	从面板材质上分有不锈钢、搪瓷、玻璃以及特氟隆（不沾油）4种。灶具美观、节省空间、易清洗，会令厨房显得更加和谐和完整，同时方便了与其他厨具的配套设计
下进风型嵌入式燃气灶	增大了热负荷及燃烧器，但要求橱柜开孔或依靠较大的橱柜缝隙来补充燃料所需的二次空气，同时利于泄漏燃气的排出
上进风型嵌入式燃气灶	改进了下进风型灶具的缺点，将炉头抬高超过台面，目的是使空气能够从炉头与承液盘的缝隙进入，但仍然没能解决黄焰及一氧化碳浓度偏高的问题

类别	特点
后进风型嵌入式燃气灶	在面板的低温区安有一个进风器，以解决黄焰问题和降低一氧化碳浓度。泄漏的燃气也可以从这个进气口排出去，即使燃气泄漏出现点火爆燃，气流也可以从进风器尽快地排放出去，迅速降低内压，避免台面板爆裂

 385 燃气灶该如何选购？

①通过观察产品包装和外观来大致辨别产品质量。优质燃气灶产品其外包装材料结实、说明书与合格证等附件齐全、印刷内容清晰；燃气灶外观美观大方，机体各处无碰撞现象，一些以铸铁、钢板等材料制作的产品表面喷漆均匀平整，无起泡或脱落现象。燃气灶的整体结构稳定可靠，灶面光滑平整，无明显翘曲，零部件的安装牢固可靠，没有松脱现象。

②燃气灶的开关旋钮、喷嘴及点火装置的安装位置必须准确无误。通气点火时，应基本保证每次点火都可使燃气点燃起火（启动10次至少应有8次可点燃火焰），点火后4秒内火焰应燃遍全部火孔。利用电子点火器进行点火时，人体在接触灶体的各金属部件时，应无触电感觉。火焰燃烧时应均匀稳定呈青蓝色，无黄火、红火现象。

③注意燃烧方式。现在燃气灶具按照燃烧器划分为直火燃烧及旋转火燃烧。通常，旋转火燃烧热效率较高，火力较集中，适合于爆炒。但随热负荷的增大，旋转火的烟气易超标。而直火燃烧火力较均匀，烟气一般不易超标。

④要注意燃气灶的熄火保护安全装置。当灶头上的火被煮沸的水浇灭时，灶具会自动切断气源，以免造成难以预料的危险。从工作原理上分为热电偶和自吸式电磁阀两种。热电偶是温度感应装置，其反应较慢；而电磁阀反应灵敏，但较为耗电。业主在购买时一定要注意。

⑤购买大厂家、大品牌的成熟产品。不要随意购买杂牌灶具，以免购买后在使用过程中出现故障，无处维修事小，造成危险和损失事大。

Chapter 4

没有不知道的施工工艺

施工常识篇

装饰施工有哪些准备工作？

　　甲方在开工前需办妥相关手续，解决施工用场地、用水、用电，清除施工范围内影响施工的障碍物，为乙方提供顺利开工的条件。开工前，如甲方委托第三方设计，应向乙方提供项目工程设计施工图纸，并向乙方进行设计技术交底。乙方应熟悉图纸，并按规定做好施工准备。

家庭装修施工分为几个阶段？

阶段	内容及注意事项
土建阶段	拆除墙体、改换门窗框、安放洗浴设施、架设隔断、改造水暖管线及便池、凿墙铺设暗线管道、铺地砖、贴瓷砖等项目
基层处理阶段	做门、门窗套、窗帘盒、暖气罩、踢脚线、家具等木工活，墙体刮腻子、找平，以及做一些造型的基础工作（在这个阶段，需要注意的是不要忘了对一些隐蔽工程进行验收，以做门为例，一般密度板或细木工板做基层用材，上面再贴饰面板，在做基层时就要验收，否则贴上饰面板后里面是什么样就看不出来）
细部处理阶段	刷漆和涂料，以及门把手、开关、插座等其他收尾工作（墙面及顶面项目如果不平，则需再次打磨、涂刷，硝基油漆要反复刷七八遍）

家装施工工种有哪几种？

种类	内容
瓦工	顶面抹灰以及内墙、地面抹灰、铺贴瓷砖等，如果需要拆除墙体，也由瓦工完成
电工	负责电线的改线、接线，根据房间的设计及家电的位置、型号和负荷来铺设电线，合理设计开关、插座
木工	贯穿装修过程始终，主要是制作家具、木制造型吊顶，以及门窗套、窗帘盒、暖气罩、踢脚线、木护墙、木隔断等细木工活，有时木地板的铺设也由木工完成

种类	内容
水暖工	主要负责上下水暖管道的改线
油漆工	在装修后期进场，主要是墙面、地面、顶面及家具、门窗的粉刷

 装修工种是按照什么顺序上场的？

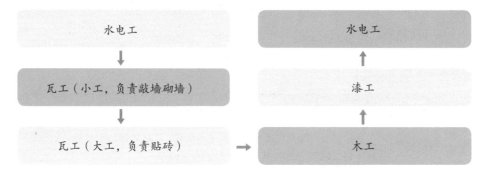

实际上，这些工种之间的工作顺序存在着交叉，因此，在实际装修过程中需要注意协调，但是大致应该遵守这样的次序。

390 居室装修不得进行哪些项目？

序号	概述
1	不得随意在承重墙上穿洞，拆除连接阳台门窗的墙体，扩大原有门窗尺寸或者另建门窗，连窗门的窗台墙可允许拆除
2	不得随意增加楼地面静荷载，在室内砌砖或者装重量大的吊顶，安装大型灯具或吊扇。吊顶应用轻钢龙吊顶或铝合金龙骨吊顶及周边木吊顶，吊扇的扇幅直径不得超过 1.2 米
3	不得任意刨凿顶板，不经穿管直接埋设电线或者改线。沿顶板底面走向的电线要穿管不可将顶板凿槽内。已有的暗埋电线不可任意改动，已有的明装电线可改为暗线，但沿墙、沿顶走向的暗线必须穿管
4	不得破坏或拆除改装厨房、卫浴间的地面防水层
5	不得破坏或拆改给水、排水、采暖、煤气、天然气等配套设施
6	不得大量使用易燃装饰材料及塑料制品

续表

序号	概述
7	不得将分体式空调机的外机组装在阳台拦杆上，阳台上不允许堆放重物
8	不得在多孔钢筋混凝土上钻深度大于 20 毫米的孔，钢射钉不得打到砖砌体上

 拆改工程需要注意哪些问题？

①水路改造如同疏通血管。旧房一般原有的水路管线都有许多不合理的布局或来者被腐蚀，所以应对水路进行彻底检查。如果原有的管线是已被淘汰的镀锌管，在施工中必须将其全部更换为铜管、铝塑复合管或 PP-R 管，最近一直用的 PP-R 管比较多，这点是必须换的。

②电路改造是很致命。旧房普遍存在电路分配简单、电线老化、违章布线等现象，已不能适应现代家庭的用电需求，所以在装修时必须彻底改造，重新布线。由于以前都是用铝线的，所以就需要我们将其换成我们现在应用的铜线，并且要使用 PVC 绝缘护线管。而对于安装空调等大功率电器的线路要单独跑线。简单来说，就是要重新来铺设。至于插座问题，一定要多加插座，因为多数情况下旧房的插座达不到现在电器应用的数量，所以这是装修必须要改动的。

③瓷砖拆除及地板翻新重点。砸墙砖及地面砖时，避免碎片堵塞下水道；只有表层厚度达到 4 毫米的实木地板、实木复合地板和竹地板才能进行翻新。此外，局部翻新还会造成地板间的新旧差异，因此，业主不能盲目对地板进行翻新。

④门窗更新的慎重考虑。门窗老化也是旧房中的一个突出问题，但如果材质坚固，款式也较新的话，一般来说只要重新涂漆即可焕然一新，但是木门窗起皮、变形，一定要换新的了。此外，钢制门窗表面漆膜脱落、主体锈蚀或开裂，除了不安全外，也很难恢复原状，为了不影响使用效果，也应拆掉重做。

 四季装修施工都有什么差异？

季节	内容
春季、秋季	①春秋两季多风多尘，早晚温差大，要求在木做时，关闭门窗 ②实木线条购回后，要马上用油漆封闭，防止损失水分过快散失而开裂变形
夏季	①夏季高温多雨潮湿，木材湿度较大，购买木质板材、木龙骨、实木线条时要注意材料的干燥度，尽量不要在下雨或雨后一两天内购买木质材料 ②当空气湿度较高时，要在油漆内加入些白水使用，以防止漆膜发雾

季节	内容
冬季	①冬季气温低，而室内由于采暖或空调等原因高于室外气温，装修中购回的木工材料，特别是实木线条，在室温下会脱水收缩变形，因此购买木线时，尺寸应略宽于所需木线宽。且应在使用前三天购回木线，并在室内地面平放搁置。木线安装后，应让木线在安装位置上搁置两天后，再加工处理 ②如室内要铺装实木地板，最好在施工前将木地板购回，并开包放置，以防止木地板因热胀起鼓变形。施工结束后，如房间不马上住人，最好在每个房间放一盆水，盆边搭一条毛巾，毛巾一边泡在水内，以防止做好的木做、墙面损失水分而变形开裂

 393 雨季装修应注意哪些问题？

序号	概述
1	正常情况下，板材的含水率既不能太高，也不能过低，以含水率不超过12%为标准
2	雨季购买板材时，要避开阴雨天，选择在适当干燥些的日子
3	在墙面刮腻子之前，可用干布将潮湿水汽擦拭干净后再刮腻子
4	当地砖铺贴完成后，由于天气较潮而使水泥凝固速度减慢，所以地砖铺贴完成后不能马上踩踏，须搭设跳板通行
5	雨季由于大气的偏湿使墙面和家具刷漆后不易干燥，此时不能操之过急，必须等头道漆干透了才能刷第二遍漆，同时工地有人时，应将所有门窗打开，保证及时通风
6	雨季材料易膨胀，如要求门扇与门框之间的缝隙应小于2毫米，但黄梅季节时，这个缝就要比旱季多留一些
7	防水涂料中加入一些防潮因子，相对不容易吸取潮气，可以减小黄梅季施工的影响

 394 二次装修应注意哪些问题？

序号	概述
1	初装修施工标准为住户二次装修提供条件，饰面做法可按用户要求变化
2	住宅工程的二次装修中，不能改动结构主体与燃气、暖气、电讯、消防系统

序号	概述
3	公共部门（门厅、走道、楼、电梯间等）的装修应设计到位，施工一次完成，短期内不允许再次装修或甩顶
4	外墙、外窗、屋面工程、外立面装修及公用设施应一次设计施工、安装到位，其标准在法规允许条件下，可以根据业主要求提供设计
5	公用设备、电气、通信、消防设备必须一次设计施工到位，二次装修不允许改动

备注：初装修房屋交付使用时，开发商应向住户提供"住宅使用说明书"，说明书中应包括二次装修应注意的各种问题

水电施工篇

395 水路施工前要准备什么？

序号	概述
1	确认已收房验收完毕，并到物业办理装修手续
2	在空房内模拟一下今后的日常生活状态，与施工方确定基本装修方案，确定墙体有无变动，家具和电器摆放的位置
3	确认楼上住户卫浴间已做过闭水实验
4	确定橱柜安装方案中清洗池上下出水口位置
5	确定卫浴间面盆、坐便器、淋浴区（包括花洒）、洗衣机位置，是否安放浴缸、墩布池，提前确定浴缸和坐便器的规格

396 水路施工常选用哪些材料？

目前，在水路施工中一般都采用 PP-R 管代替原有过时的管材，如铸铁、PVC 等。铸铁管由于会产生锈蚀问题，因此，使用一段时间后，容易影响水质，同时管材也容易因锈蚀而损坏。PVC 这一材料的化学名称是聚氯乙烯，其中含氯的成分，对健康也不好，PVC 管现在已经被明令禁止作为给水管使用，尤其是热水更不能使用。如果原有水路采用的是 PVC 管，应该全部更换。

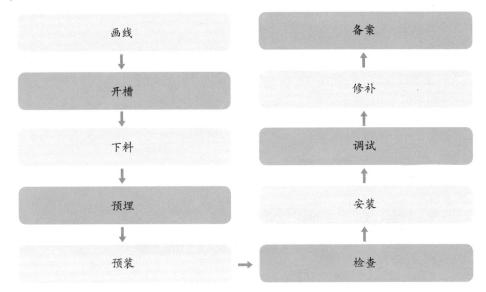

①画线：在水路施工时，画线指的是先用墨线划线，勾画出需要走管的路线，定好位置。工人在定位时，也要注意保护原有结构的各种管道设施。

②开槽：弹好线以后就是开暗槽，根据管路施工设计要求，在墙壁面标出穿墙设置的中心位置，用十字线记在墙面上，用冲击钻打洞孔，洞孔中心与穿墙管道中心线吻合。之后用专用切割机按线路割开槽面，再用电锤开槽。需要提醒的是，有的承重墙钢筋较多较粗，不能把钢筋切断，以免影响房体结构安全，只能开浅槽或走明管，或者绕走其他墙面。另外，如果业主想在凹槽的地方也做防水，需要提前对施工人员说明。

③下料：指根据设计图纸为PP-R给水管和PVC排水管量尺下料。下料是指确定制作某个设备或产品所需的材料形状、数量、质量之后，从整个或整批材料中取下一定形状、数量的材料的操作过程。

④预埋：管路支托架安装和预埋件的预埋。预埋件是预先安装在隐蔽工程内的构件，是在结构浇筑时安置的构配件，用于砌筑上部结构时的搭接，利于工程设备基础的安装固定。

⑤预装：组织各种配件预装。预装能够清晰地看出工程中所需构配件搭接是否合适，施工工人也能够做到心中有数。

⑥检查：调整管线的位置、接口、配件等是否安装正确。在施工中检查各个部分的安装是否正确，有助于提高施工效率，能够及时发现问题，从而解决问题。

⑦安装：

事项	内容
管道安装时，要做固定	管卡安装应牢固，管外径20毫米以上的水管安装时，管道在转角、水表、水龙头或角阀及管道终端的100毫米处应设管卡
卫生洁具安装的管道连接件应易于拆卸	管道连接件易于拆卸直接影响以后的维修台面、墙面、地面等接触部位，均应采用防水密封条密封，出墙管件应先安装三角阀后，方能接用水器
安装时，一定要预留出水口	如果选用的坐便器、浴缸等规格比较特殊。业主一定要向施工人员交代清楚，在施工时，提前考虑进去。有的业主在做水改时，可能会考虑后期还会增添一些东西，需要用水，可以让施工方多预留几个出水口，日后需要用时，安装上龙头即可

⑧调试：在水路工程施工完成后，最重要的一步就是进行调试，也就是通过打压试验。水管打压试验是判断水管管路连接是否可靠的常用方法之一。在通常情况下，是需要打8千克的压，半个小时后，如果没有出现问题，那么水路施工就算完成了。

⑨修补：修补孔洞和暗槽，要与墙地面保持一致。修补是水路施工相关的基本工作，能够有效地保障工程的质量。

⑩备案：完成水路布线图，以便日后维修使用。备案是向相关工程部门报告施工工程的相关情况，以备查考，备案可以增加施工工作的保障，以便解决日后再次施工中出现的难题。

 398 水路施工前期，需要注意哪些方面的内容？

事项	内容
水路施工最好签订正规合同	①业主在施工前就应与施工方签订施工合同，在合同中注明修改责任，赔偿损失的责任，还有保修期限，合同是业主维护自己权益的最好凭证 ②在施工完后要及时索要水路图，以利于后期的装饰装修以及维修
注意管路施工设计要求	根据管路施工设计要求，将穿墙孔洞的中心位置用十字线标记在墙面上；用冲击钻打洞孔，洞孔中心线应与穿墙管道中心线吻合，洞孔应顺直无偏差
使用符合国家标准的管材	使用符合国家标准的后壁热镀管材、PP-R管或铝塑管（压力2.0兆帕，管壁厚3.2毫米，使用φ0.5毫米）；按功能要求施工，PP-R管材连接方式的焊接；管道安装横平竖直，布局合理、地面高度350毫米便于拆装、维修；管道接口螺纹在8牙以上，进管必须5牙以上，冷水管道生料带6圈以上，热水管道必须采用铅油、油麻不得反方向回纹

事项	内容
做好隐蔽工程验收记录	①管道暗敷在地坪面层内或吊顶内，均应在试压合格后做好隐蔽工程验收记录工作 ②试压前应关闭水表的闸阀，避免打压时损伤水表，将试压管道末端封堵缓慢注水，同时将管道内气体排出；充满水后进行密封检查
注意是否符合规范要求	①管道敷设应横平竖直，管卡位置及管道坡度均应符合规范要求 ②各类阀门安装应位置正确且平正，便于使用和维修，并做到整齐美观 ③住宅室内明装给水管道的管径一般都在15~20毫米之间 ④根据规定，管径20毫米及以下给水管道固定管卡设置的位置应在转角、小水表、水龙头或者三角阀及管道终端的100毫米处

 399 水路施工过程中，需要注意哪些问题？

事项	内容
水工进场时	①检查原房屋是否有裂缝，各处水管及接头是否有渗漏。 ②检查卫浴设备及其功能是否齐全，设计是否合理，酌情修改方案。 ③做48小时蓄水实验
注意清理与质量	①安装前应先清理管内，使其内部清洁无杂物。 ②安装时，注意接口质量，同时找准各甩头管件的位置与朝向，以确保安装后连接各用水设备的位置正确。 ③管线安装完毕，应清理管路
注意开槽	①水路走线开槽应该保证暗埋的管子在墙内、地面内装修后不应外露。 ②开槽注意要大于管径20毫米，管道试压合格后墙槽应用1∶3水泥砂浆填补密实。 ③厚度应符合下列要求：墙内冷水管不小于10毫米、热水管不小于15毫米，嵌入地面的管道不小于10毫米。 ④嵌入墙体、地面或暗敷的管道应作隐蔽工程验收
注意花洒安装	①给卫浴间花洒龙头留的冷热水接口，安装水管时一定要调正角度，最好把花洒提前买好，试装一下。 ②注意在贴瓷砖前把花洒先简单拧上，贴好砖以后再拿掉，到最后再安装；防止出现贴砖时已经把水管接口固定了，结果因为角度问题装不上而刨砖的情况
注意坐便器的安装	坐便器留的进水接口，位置一定要和坐便器水箱离地面的高度适配，如果留高了，到最后装坐便器时就有可能冲突

事项	内容
注意洗手盆的安装	洗手盆处，如果是安装柱盆，注意冷热水出口的距离不要太宽，否则装了柱盆，柱盆的那个柱的宽度遮不住冷热水管，从柱盆的正面看，能看到两侧有水管
注意预留龙头接口	卫浴间除了给洗衣机留好出水龙头外，最好还能留一个龙头接口，这样以后想接点水浇花什么的都很方便。这个问题也可以通过购买带有出水龙头的花洒来解决

备注：水路施工质量的好坏对日后的生活影响非常大。因此，业主在整个施工过程中，都应该加倍注意，不要因为施工过程中的疏忽而影响到日后的生活质量

 旧房水路改造需要注意哪些问题？

旧房水路改造特别是镀锌管，在设计时考虑完全更换成新型管材；如更换总阀门需要临时停水一小时左右，提前联系相关单位征得同意并错开做饭高峰期；排水管特别是铁管改 PVC 水管，一方面要做好金属管与 PVC 管连接处处理，防止漏水。另一方面，排水管属于无压水管，必须保证排水畅通。

 电路施工时需要选用哪些材料？

材料	内容
电线	①为了防火、维修及安全，最好选用有长城标志的"国标"塑料或橡胶绝缘保护层的单股铜芯电线。 ②线材槽截面积一般是：照明用线选用 1.5 平方毫米，插座用线选用 2.5 平方毫米，空调用线不得小于 4 平方毫米，接地线选用绿黄双色线，接开关线（火线）可以用红、白、黑、紫等任何一种，但颜色用途必须一致
穿线管	①对使用的线管（PVC 阻燃管）进行严格检查，其管壁表面应光滑，壁厚要求达到手指用力捏不破的强度，而且应有合格证书。 ②可以用符合国标的专用镀锌管做穿线管。国家标准规定应使用管壁厚度为 1.2 毫米的电线管，要求管中电线的总截面积不能超过塑料管内截面积的 40%。例如：直径 20 毫米的 PVC 电管只能穿 1.5 平方毫米导线 5 根，2.5 平方毫米导线 4 根

材料	内容
开关面板、插座	①面板的尺寸应与预埋的接线盒的尺寸一致；面板的材料应有阻燃性和坚固性；并且表面光洁、品牌标志明显，有防伪标志和国家电工安全认证的长城标志。 ②开关开启时应手感灵活，插座稳固，铜片要有一定的厚度；开关高度一般 1200~1350 毫米，距离门框门沿为 150~200 毫米，插座高度一般为 200~300 毫米

备注：凡是隐蔽工程，材料一定不能马虎。由于这些部位施工完成后，必须要覆盖起来，如果出现问题，无论是检查还是更换都非常麻烦。况且，水电等施工工程都是属于房屋施工中的重点工程，电路施工所用的材料更是不能随便

 电路施工流程是什么？

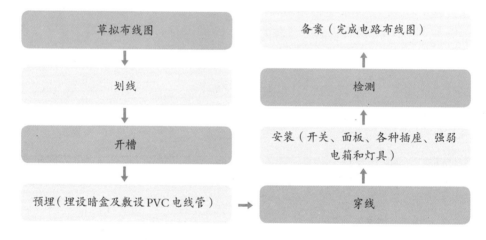

①**草拟布线图**：设计布线时，执行强电走上、弱电在下、横平竖直、避免交叉、美观实用的原则。草拟布线能够使人更加清晰地看出电路的布线情况，从而了解布线的方式、布线的注意事项以及布线的规则。

②**划线**：定位放线，确定线路终端插座、开关、面板的位置。划线是电路施工中关键的一项，位置准确与否直接影响着日后生活的方便程度。

③**开槽**：开槽深度应一致，一般是 PVC 管直径 +10 毫米。开槽时应该注意的是，槽线与顶要垂直（钢筋承重墙除外），应先在墙面弹出控制线后，再用云石机切割墙面。

④预埋：

事项	内容
电源线配线原则	所用导线截面积应满足用电设备的最大输出功率。一般情况下，照明截面为 1.5 平方毫米，空调挂机及插座为 2.5 平方毫米，柜机截面为 4.0 平方毫米，进户线截面为 10.0 平方毫米
暗线敷设必须配阻燃 PVC 管	插座用 SG20 管，照明用 SG16 管。当管线长度超过 15 米或有两个直角弯时，应增设拉线盒。顶棚上的灯具位设拉线盒固定
PVC 管应用管卡固定	PVC 管接头均用配套接头，用 PVC 胶水粘牢，弯头均用弹簧弯曲。暗盒、拉线盒与 PVC 管用锣接固定
统一穿电线	PVC 管安装好后，同一回路电线应穿入同一根管内，但管内总根数不应超过 8 根，电线总截面积（包括绝缘外皮）不应超过管内截面积的 40%
电线分离原则	电源线与通信线不得穿入同一根管内
电线及插座间距	电源线及插座、电视线及插座的水平间距不应小于 500 毫米
电线与管道的距离	电线与暖气、热水、燃气管之间的平行距离不应小于 300 毫米，交叉距离不应小于 100 毫米

⑤穿线：穿入配管导线的接头应设在接线盒内。穿线时应该注意的是，线头要留有余量 150 毫米，接头搭接应牢固，绝缘带包缠应均匀紧密。

⑥安装：

事项	内容
插座安装事项	面向插座的左侧应接零线（N），右侧应接相线（L），中间上方应接保护地线（PE）。保护地线为截面积为 2.5 平方毫米的双色软线
吊灯安装事项	当吊灯自重在 3 千克及以上时，应先在顶板上安装后置埋件，然后将灯具固定在后置埋件上。严禁安装在木楔、木砖上
电线安装事项	连接开关、螺口灯具导线时，相线应先接开关，开关引出的相线应在灯具中心的端子上，零线应接在螺纹的端子上
电线的电阻值	导线间和导线对地间电阻必须大于每欧 0.5 米

事项	内容
各项插座离地距离	电源插座底边距地宜为 300 毫米，平开关板底边距地宜为 1300 毫米。挂壁空调插座的高度宜为 1900 毫米。脱排插座高度宜为 2100 毫米，厨房插座高度宜为 950 毫米，挂式消毒柜插座高度宜为 1900 毫米，洗衣机插座高度宜为 1000 毫米，电视机插座高度宜为 650 毫米
各项插座高差	同一室内的电源、电话、电视等插座面板应在同一水平标高上，高差应小于 5 毫米
每户应设置强弱电箱	配电箱内应设动作电流 30 兆安的漏电保护器，分数路经过空开后，分别控制照明、空调、插座等。空开的工作电流应与终端电器的最大工作电流相匹配，一般情况下，照明 10 安培，插座 16 安培，柜式空调 20 安培，进户 40～60 安培
安装清洁事项	安装开关、面板、插座及灯具时应注意清洁，宜安排在最后一遍涂乳胶漆之前

⑦检测：检查电路是否通畅。在检测电路的时候，引线要合理，注意电路的绝缘性，也要注意可能会发生的短路现象。另外，重要的一点是不能忽略检测弱电。

⑧备案：要在完成电路布线图时，对电路施工方案进行合理的额保存，以便业主日后的维修使用。业主需要对电路图格外重视，如果在之后的生活中，需要进行二次装修，有电路布线图会为二次施工省去许多不必要的麻烦。

403 电路施工中需要注意哪些问题？

①所有电线必须都套管。如果不套管，时间长了这些线路一旦老化很可能产生漏电现象，如果换线，又必须要拆墙、木地板等，非常麻烦。

②所有线路都必须为活线。接电线时要注意，不得随便到处引线；强、弱电线不得在同一管内敷设，不得进同一接线盒，间距在 30 厘米以上。

③画走线图。电工管线铺完后，在没封槽之前，应该要求工人画出走线图。

④注意省电。为了省电，要精确规划平时微弱耗电电器（如电视、DVD 机、微波炉、空调等）的插座。

⑤注意管道封闭。穿好线管后要把线槽里的管道封闭起来，用水泥砂浆把线盒等封装牢固，其合口要略低于墙面 0.5 厘米左右，并保持端正。

⑥了解正规走线步骤。线头的对接要缠 7 圈半，然后刷锡、缠防水胶布、再缠绝缘胶布。

⑦做绝缘测试。电路施工结束后，应分别对每一回路的相与零、相与地、地与零之间进行绝缘电阻测试，绝缘电阻值应不小于每欧 0.5 米，如有多个回路在同一管内敷设，则同一

管内线与线之间必须进行绝缘测试；绝缘测试后应对各用电点（灯、插座）进行通电试验；最后在各回路的最远点进行漏电保护器试跳试验。

404 旧房电路改造需要注意哪些问题？

①旧房配电系统设置。针对电表为典型旧房进行配置（户型：两室一厅一厨一卫）。总开：20～25 安培双极断路器。照明：10 安培单极断路器。居室普通插座：16 安培带漏保空开。厨房插座：同普通插座。卫浴间插座：同普通插座，如卫浴间无大型电器可考虑与厨房合并回路。空调插座：16 安培单极断路器 2 路。本配置因家庭使用电器情况不同会有调整，仅供参考。

②旧房不用大功率电器。旧房不宜采用即热型热水器或特大功率中央空调、烤箱等电器。如需购买相关电器需在水电设计时说明情况，避免电流严重过载影响正常使用。

③弱电改造。旧房弱电（网络电话电视）改造往往是颠覆性的，需要重新布线。

405 开关、插座安装时需要准备哪些材料及配件？

安装材料	各型开关	规格、型号必须符合设计要求，并有产品合格证
	各型插座	
	塑料（台）板	具有足够的强度；应平整，无弯翘变形等现象；有产品合格证
	木制（台）板	厚度应符合设计要求和施工验收规范的规定；板面应平整，无劈裂和弯翘变形现象，油漆层完好无脱落
	其他材料	金属膨胀螺栓、塑料胀管、镀锌木螺钉、镀锌机螺钉、木砖等
主要配建	①红铅笔、卷尺、水平尺、线坠、绝缘手套、工具袋、高凳等。②手锤、錾子、剥线钳、尖嘴钳、扎锥、丝锥、套管、电钻、电锤、钻头、射钉枪等	

406 开关、插座安装作业条件是什么？

序号	概述
1	各种管路、接线盒、开关盒已经敷设完毕，接线盒、开关盒收口平整
2	线路的导线已穿完，并已绝缘测试符合规定

序号	概述
3	墙面的浆活、油漆及壁纸等内装修工作均已完成

407 开关、插座安装流程是什么？

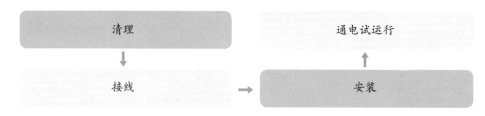

①清理：用錾子轻轻地将盒子内残存的灰块剔掉，同时将其他杂物一并清出盒外，再用湿布将盒内灰尘擦净。如果导线上有污物，也应一起清理干净。

②接线：

序号	概述
1	开关接线。同一场所的开关切断位置一致，且操作灵活，接点接触可靠。电器、灯具的相线应经开关控制。开关接线时，应将盒式内导线理顺，依次接线后，将导线盘成圆圈，放置于开关盒内。多联开关不允许拱头连接，应采用 LC 型压接帽压接总头后，再进行分支连接
2	交、直流或不同电压的插座安装在同一场所时，应有明显区别，且其插头应与插座配套，两者不能互相代用
3	单相两孔插座有横装和竖装两种。横装时，面对插座的右极接相线，左极接零线；竖装时，面对插座的上极接相线，下极接零线
4	先将盒式内甩出的导线留出维修长度（15~20厘米）削去绝缘层，注意不要碰伤线芯，如开关、插座内为接线柱，将线芯导线按顺时针方向盘绕在开关、插座对应的接线柱上，然后旋紧压头。如开关、插座内为接线端子，将线芯折回头插入接线端子内（孔径允许压双线时），再用顶丝将其压紧，注意线芯不得外露

③安装：开关、插座进行安装前的准备工作，准备好所需要用的材料、工具等；进行开关、插座的安装工作。

④通电试运行：开关、插座安装完毕，送电试运行前再摇测一次线路的绝缘电阻并做好记录；各支路的绝缘电阻摇测合格后通电试运行，通电后仔细检查和巡视，检查漏电开关是否掉闸，插座接线是否正确。检查插座时，最好用验电器，应逐个检查，如有问题，断电后及时进行修复，并做好记录。

408 开关安装有哪些规定？

序号	概述
1	安装在同一房间内的开关，宜采用同一系列的产品；开关位置应与灯位相对应，同一室内开关方向应一致；同一单位工程其跷板开关的开、关方向应一致，且操作灵活，接触可靠
2	拉线开关距地面的高度一般为 2~3 米，距门口 150~200 毫米；且拉线的出口应向下，并列安装的拉线开关的相邻间距不应小于 20 毫米
3	扳把开关距地面的高度为 1.4 米，距门口 150~200 毫米；开关不得置于单扇门后
4	暗装开关的面板应端正、严密并与墙面齐平
5	成排安装的开关高度应一致，高低差不大于 2 毫米
6	多尘潮湿场所和户外应选用防水瓷制拉线开关或加装保护箱；在易燃、易爆和特别潮湿的场所，开关应分别采用防爆型、密闭型，或安装在其他处所控制
7	明线敷设的开关应安装在厚度不少于 15 毫米的木台上

 409 插座安装有哪些规定？

序号	概述
1	暗装和工业用插座距地面高度不应低于 30 厘米
2	在儿童活动场所应采用安全插座，采用普通插座时，其安装高度不应低于 1.8 米
3	同一室内安装插座高低差不应大于 5 毫米；成排安装的插座高低差不应大于 2 毫米
4	暗装的插座应有专用盒，盖板应端正、严密并与墙面平
5	落地插座应有保护盖板
6	在特别潮湿和有易燃、易爆气体及粉尘的场所不应装设插座

 410 墙壁上的开关应该怎么安装？

安装墙壁的开关一般来说有两根红线就够了。如果还有一根绿线，这就说明灯开关是带指示灯的。

开关安装的具体的接法是：墙壁开关有 3 个接孔，先假设为 1、2、3 孔（绿线先不管），把两根红线分别接在 1、2 或 1、3 或 2、3 的孔上，分别试一下这三种接法看哪种能控制日灯光，假设 1、2 能控制日光灯，那么在 3 孔上接上绿线就可以。如果关闭日光灯，灯开关的指示灯不亮，那么把两根红线互换位置就可以。

细木施工篇

411 细木施工材料的种类及用途有哪些？

种类	用途
大芯板/细木工板	常见厚度为 18 毫米、15 毫米、12 毫米三种，做各种造型、门、门套等使用最频繁。一般来说 15 毫米的常用在柜体的门上
九厘板	厚度 9 毫米（一般不足 9 毫米），做门套裁口、柜体背板
饰面板	厚度 3 毫米，做贴面用，种类根据所采用树种的不同而有很多，如黑胡桃、樱桃木等
澳松板	厚度 3 毫米，贴在基层板上，直接在上面做白漆的板子
欧松板	厚度 18 毫米，做基层用（门套、衣柜等），也有人直接在上面刷清漆
木龙骨	规格 30 毫米×40 毫米最多见，做吊顶及墙面造型时使用
木线条	根据用途拥有多种规格，广泛用于家居装饰

412 木质饰面板施工工艺流程是什么？

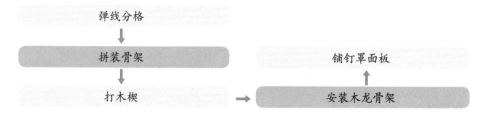

①**弹线分格**：根据轴线、50 线和设计图纸，在墙面上弹出木龙骨的分格、分档线。其中，龙骨的规格大小和间距是根据木饰面板的分格大小和重量通过计算确定的。

②**拼装骨架**：木墙身的结构一般情况下采用 25 毫米 ×30 毫米的木方。可以先将木方排放在一起刷防火涂料及防腐涂料，然后分别加工出凹槽榫，在地面上进行拼装成木龙骨架。其方格网规格通常是 300 毫米 ×300 毫米或 400 毫米 ×400 毫米。对于面积较小的木墙身，可在拼成木龙骨架后直接安装上墙；对于面积较大的木墙身，则需要分几片分别安装上墙。

③**打木楔**：木质饰面板施工中，打木楔是指用 $\Phi16 \sim \Phi20$ 的冲击钻头在墙面上弹线的交叉点位置钻孔，孔距为 600 毫米左右，深度不小于 60 毫米。钻好孔后，随即打入经过防腐处理的木楔。

④**安装木龙骨架**：指先立起木龙骨靠在墙上，用吊垂线或水准尺找垂直度，确保木墙身垂直。用水平直线法检查木龙骨架的平直度。当垂直度和平直度都达到要求后，即可用钉子将其钉在木楔上。

⑤**铺钉罩面板**：按照设计图纸将罩面板按尺寸裁割、刨边。用 15 毫米枪钉将罩面板固定在木龙骨架上。如果用铁钉则应使钉头砸扁埋入板内 1 毫米，且要布钉均匀，间距应在 100 毫米左右。

⑷⒀ 细木制品施工工序流程是什么？

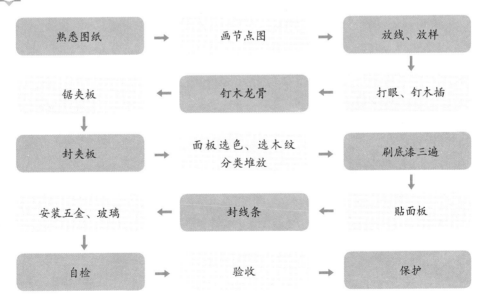

414 现场木工制作注意事项有哪些？

类别	具体内容
空芯门	◎多层大芯板开条，做成框架，两面再贴面板或澳松板。特点为隔声性差、表面不平整，重量轻 ◎单层大芯板开条，做成框架、两面贴九厘板、贴面板，线条收口；或单层大芯板开3厘米条，两面贴五厘板贴面板、木线收口。特点为隔声性稍好，表面较为平整，不易变形
实芯门	两张大芯板直接压到一起（开伸缩缝），最好用3个合页，且要双面刻槽。特点为隔声性最好，重量较重
鞋柜	根据身高、鞋子的大小等因素确定鞋柜宽度；里面隔板可以做成斜的（可以放下大点的鞋子）；由于鞋柜内部灰较多，向里斜的隔板，注意在里面留有缝隙（灰可以落到底层）；最好刷油漆或贴塑料软片
衣柜	衣柜内部结构值得仔细推敲，根据自己的生活习惯，明确各个储藏区域，基本区域有上衣区、大衣区、裤子区、鞋区、被子区、领带区、衬衣区、内衣区
书柜	书柜要有足够的空间，放一些小书和大书；也可根据自己的习惯确定电脑键盘放在桌面还是键盘抽屉。另外，书柜桌子上要有穿孔，这样电脑显示器的线、键盘线、音箱线、台灯线可以塞到下面去

415 木作装饰柜施工流程及内容是什么？

流程	内容
检查材料	材料合格方能使用，并让木工师傅计算出大概材料用量。 ◎饰面板的选择使用：柜门饰面板应色差小，检查板面有无瑕疵、损坏 ◎收口线条挑选使用：色泽均匀，无明显缺陷
套裁下料	组合基层框架后检查精度，垂直度≤2米，水平误差≤1毫米，翘曲度≤2毫米
柜门分隔处	柜内横撑木工板应采用双层加固，以使受力均匀，避免变形
检查框架尺寸	确定主要尺寸与图纸无误。柜子背板用九厘板加固，用码钉或钢钉固定
贴实木饰面板	柜内铺贴实木饰面板时，先进行清洁、打磨后以白乳胶或万能胶粘贴，再用少许蚊钉固定；接缝应均匀、整齐，柜类所有木作的固定，连接处必须使用白乳胶再用钉子固定

流程	内容
门扇制作	选择木工板开条使用或整板交叉开槽；双面饰面板挑选整张面板贴面，木纹应顺直、美观；清理门扇四面，检查几何尺寸，对角线及四周边误差≤1毫米；门扇周边均用25毫米×5毫米实木线收口；统一编号放置
门扇制作后	门扇制作完成后，应统一放于平整场地用重物压置，或用木方顶压，时间不少于3天；收口线挑选后推光使用，接缝应顺直、清洁，清油工艺应在0.5米距离处看不见明显接缝；修边应小心，严防损伤面板；门扇拼花装饰，按图施工，应尺寸准确，接缝均匀美观
抽屉	抽屉高度120~200毫米（特殊要求除外），木工板或优等双面板制作框架，底板采用九厘板贴三合板；横面木工板切口应做混油或实木条收口处理
门扇安装	门扇按制作顺序正确安装，木纹应顺直、美观，几何尺寸正确，间隙缝尺寸在3~4毫米；柜子、柜帽应超出关闭后的柜门5~10毫米
五金件	五金件选用优质产品，安装位置正确，固定牢固、无污染；大门扇碰珠安在上方，或上下安装，小门扇安在下方；大门扇拉手安装应统一位置，下口离地1100~1200毫米，安装后擦去定位铅笔痕迹
其他	柜门长度超出1600毫米必须安装3个合页；合页需调整紧固，开启灵活，螺钉齐全，滑轨轻松自如，柜内清洁干净，门扇开启自如，缝隙均匀，并且不得发出异响

416 暖气罩的施工工艺流程是什么？

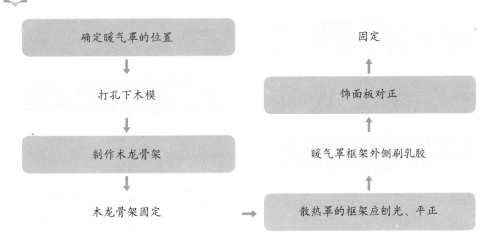

417 暖气罩的施工要领是什么？

序号	概述
1	暖气罩施工应在室内顶棚、墙体已做完基层处理后开始，基层墙面应平整
2	暖气罩制作的木龙骨料及饰面材料应符合细木装修的标准，材料无缺陷，含水率低于10%，胶合板含水率低于8%。龙骨应使用红、白松木
3	制作暖气罩骨架必须开槽连接，要严密、牢固
4	饰面板加工尺寸应正确，表面光滑平整，线条顺通，嵌合严密，无挂胶、外露钉帽和污染等缺陷
5	暖气罩木工制作完成后，应立即进行饰面处理，涂刷一遍清油后方可进行其他作业

418 清漆饰面板安装经常出现哪些缺陷？

①接缝不严密，接缝高低不平、碰角不齐。出现这样的缺陷是由于工人手艺的问题。判断木工的施工水平，通过看清漆面板的碰角、接缝就能看出一二。

②饰面板上的疤痕太明显。带疤痕的饰面板应用在不明显的地方，若带一点小疤痕，至少不能用在人平视的视野中。

③纹路有横有竖，比较乱。出现这样的情况很不美观，一定要求工人返工。

④有烂角、污渍。面板运来后，应先用底漆刷一遍保护起来，防止弄脏；同时要防止人走来走去，把饰面板的边角碰坏。

419 木墙裙施工会出现什么问题？一般多久能完工？

问题	内容
构造方面	如果木龙骨数量少，胶合板薄及质量差，可导致板面不稳；应增加木龙骨数量、缩小间距或改用厚胶合板
施工方面	会出现拼缝处不平直，木纹花纹对花错乱等问题；应拆下后刨修接缝处，调整板面位置，对花正确后重新安装

备注：木墙裙应在顶、墙面基层处理后开始施工，在工程竣工前完工，其中木龙骨及面板安装三室两厅的房间约需20个工时，墙裙复杂程度不同会影响工期。油漆施工根据使用涂料的不同和施工方法的差异会有区别，一般需4天时间，可与其他木器表面油漆同时进行

装修全能王——你问我答，没有不知道的家装问题

墙面施工篇

 毛坯房的墙面是否需要刮掉？

具体情况具体分析。如果手摸上去有很细的一层灰，要刮掉；或者洒点水，再刮一下，如果很容易刮下来，也需要处理。出现这两种现象如果不处理，在上漆以后，会发生鼓包等现象。但如果墙面没有上述情况，则可不必除。

 墙面能横向开槽布线吗？

一般情况下，墙面大多为竖向开槽。开槽是用切割机或者手工沿墨斗线走向在墙面开出一条槽。线槽的宽度、深度以及开槽方向都有严格要求，施工人员也必须严格按要求执行。横向开槽很可能会破坏房屋结构，比较容易造成墙体倒塌。

 怎样处理受潮发霉墙面？

如果墙面受潮，可选用防水性较好的多彩内墙涂料，具体施工方法如下：先让受潮的墙面有一至两个月的干燥过程，再在墙体上刷一层拌水泥的避水浆，起防潮作用；接着用石膏腻子填平墙面凹坑、麻面，再满刮腻子，干燥后用砂纸将墙面磨平，重复两次，并清扫干净；最后可在干燥清洁的墙面上将底层涂料用涂料辊筒辊涂两遍，也可喷涂。

> 防止墙面受潮发霉，可先在墙面上涂上抗渗液，使墙面形成无色透明的防水胶膜层，即可制止外来水分的浸入，保持墙面干燥，随后即可装饰墙面。

 墙面抹灰不做基层处理会有什么后果？

如果基层比较光滑而没有进行毛化处理，会影响水泥砂浆层与基层的粘结力，导致水泥砂浆层容易脱落；如果基层浇水没有浇透，会使抹灰后砂浆中的水分很快被基层吸收，从而影响了水泥的水化作用，降低了水泥砂浆与基层的粘结性能，易使抹灰层出现空鼓、开裂等问题。

抹灰不分层会有什么后果？

抹灰不分层，一次抹压成活，则难以抹压密实，很难与基层粘结牢固。且由于砂浆层一次成型，其厚度厚、自重大，易下坠并将灰层拉裂，同时也易出现起鼓、开裂的现象。所以，抹灰应分层进行，且每层之间要有一定的时间间隔。一般情况下，当上一层抹灰面七八成干时，才可进行下一层面的抹灰。

 抹灰层厚度过大会有什么后果？

抹灰层厚度过大，不仅浪费物力和人力，而且会影响质量。抹灰层过厚，容易使抹灰层开裂、起翘，严重的会导致抹灰层脱落，引发安全事故。因此，抹灰层并不是越厚越好，只要达到质量验评标准的规定即可，如顶面抹灰厚度为 15～20 毫米，内墙抹灰厚度为 18～20 毫米等。

 墙的单面批灰厚度应为多少？

批灰指的是往墙壁上刮腻子，也就是需要填补墙体表面缺陷，普通批灰不刷乳胶漆厚度为 5 毫米左右，刷乳胶漆为 8 毫米左右，因为需要打磨到一定的平整度后才能刷乳效漆。批灰一般为两到三遍。

 墙面砖在粘贴前要浸泡吗？

墙面砖有着较高的含水率，在粘贴时必须考虑到这一特性。贴砖前基层应充分浇水湿润，瓷砖也应在水中浸泡至少 20 分钟后方可使用。否则，砂浆中的水分被干燥的基层和瓷砖迅速吸收而快速凝结，会影响其黏结牢固度。墙砖也会从水泥里吸收水分，使水泥无法起到粘贴剂的作用。另外，每种品牌墙面砖的吸水率也不相同，这点要靠经验来掌握。

 墙面砖出现空鼓和脱壳怎么办？

首先要对黏结好的面砖进行检查，如发现有空鼓和脱壳时，应查明空鼓和脱壳的范围，画好周边线，用切割机沿线割开，然后将空鼓和脱壳的面砖和黏结层清理干净，最后用与原有面层料相同的材料进行铺贴。

 需要注意的是，铺黏结层时要先括墙面、后括面砖背面，随即将面砖贴上，要保持面砖的横竖缝与原有面砖相同、相平，经检查合格后勾缝。

花砖、腰线用不用预铺？

花砖、腰线是一种建筑装饰方法，在窗口的上、下沿挑出，做成一条通长的横带，主要起到装饰作用。花砖、腰线在装修时，需要进行预铺，提前确定花砖、腰线的花纹、上下方向以后，再进行铺设，这样一来，花砖、腰线的装饰效果就能很清晰地体现出来。

 墙面勾缝如何处理才美观？

墙面基本以和砖同色或浅色为主，用填缝剂或白水泥勾填，显得宽敞、大气、明亮；地面一般以同色或深色为主，方便清洗，不显脏。另外，按缝的宽窄，勾缝要用橡胶刮，对大于或等于2毫米的砖缝，做作斗圆勾填，一般用填缝剂；对小于2毫米的砖缝一般用钢刮搓平缝。

 刚装修完，发现用白水泥的瓷砖缝中掉白粉，原因是什么？如何补救？

刚装修完，就发现白水泥的瓷砖缝中掉白粉，造成这个现象的主要原因是勾缝剂掉白粉的强度不够。最好的处理办法就是重新进行勾缝，重新勾缝时，应选用档次较高、质量较好的专业勾缝剂，从而保证勾缝剂的质量。

 喷乳胶漆需要涂刷几遍？一般加水多少？

在进行涂装之前，应将涂料搅拌均匀，并视具体情况兑水，兑水量一般在10%～20%，稀释后使用。一般情况下，乳胶漆需要刷涂两遍，两遍之间的间隔应不少于2小时。

 如果施工队没有按照标准兑水量施工，或兑水量过大，会使漆膜的耐擦洗次数及防霉、防碱性下降。具体表现为：掉粉、用湿布稍微擦洗后即露出底材、应该有光泽的高档漆没有光泽且表面粗糙等情况。

 墙面很平，已经用石灰水涂过，是否可以不用底漆直接上面漆？

尽管墙面很平，事先也已涂过石灰水，但也需要先涂上底漆才能上面漆。这是因为石灰水的碱性很大，如果直接涂刷面漆会发生泛碱、发花、发黄等现象，会严重影响装饰效果，如果直接涂上面漆也会造成材料的浪费。

涂料发生流坠现象时应该怎么办？

在涂料刚产生流坠时，可立即用涂料刷轻轻地将流淌的痕迹刷平。如是黏度较大的涂料，可用干净的涂料刷蘸松节油在流坠的部位刷一遍，以使流坠部分重新溶解，然后用涂料刷将流坠推开拉平。如果漆膜已经干燥，对于轻微的流坠可用细砂纸将流坠打磨平整，而对于大面积的流坠，可用水砂纸打磨，在修补腻子后再满涂一遍即可。

 浅色墙漆能覆盖深色墙漆吗？

直接刷涂不能遮盖，会有色差。可先用 240 号水砂纸打磨一遍，然后刷涂一遍白色墙漆，再刷浅色漆。浅色漆比较好调，把要刷的漆一半调色一半白色就可以了。最好买遮盖力比较强的（就是钛白粉含量高的）乳胶漆。

 施工后发现漆膜中的颗粒较多怎么办？

当漆膜出现颗粒且表面粗糙后，可用细水砂纸蘸着温肥皂水，仔细将颗粒打平、磨滑、抹干水分、擦净灰尘，然后重新再涂刷一遍。对于高级装修的饰面，可用水砂纸打磨平整后上光蜡使表面光亮，以此避免漆膜表面粗糙的缺陷。

 喷漆时能否和其他工种同时操作？

不能。喷漆时要在相对干净的室内环境中操作。在无防护情况下喷漆，作业场所空气中苯浓度相当高，对人体的危害极大。油漆不仅可以通过肺部吸入，还可以通过皮肤吸收。人体皮肤直接与油漆接触，能溶去皮肤中的脂肪，造成皮肤干裂，发炎的同时还进入人体。喷漆工人在喷漆时，也需要备好防护配置，限制工作时间，而且工作地点要有良好的通风条件。

 漆膜开裂该如何处理？

对于轻度的漆膜开裂，可用水砂纸打磨平整后重新涂刷；而对于严重的漆膜开裂，则应全部铲除后重新涂刷。对于聚氨酯饰面的开裂，可用 300 号水砂纸在表面进行打磨，然后用 685 聚氨酯漆涂刷四遍。在常温情况下，每遍的间隔时间为 1 小时左右。待放置 3 天后，再进行水磨、抛光、上蜡的处理。

油漆流淌该如何处理？

油漆一次刷得太厚，即会造成流淌。可趁漆尚未干，用刷子把漆刷开；若漆已开始变干，则要待其干透，用细砂纸把漆面打磨平滑，将表面刷干净，再用湿布擦净，然后重新上外层漆，注意不要刷得太厚。

 贴壁纸会出现哪些常见问题？

①膨胀现象。除无纺壁布外，其他壁纸的底衬均为纯纸，浸胶后壁纸纸带的宽度由原来的 53 厘米会膨胀到 54 厘米，壁纸贴到墙面上，要保证胶液比壁纸干得快，这样胶液已经与墙面粘在一起，此时壁纸的宽度为 54 厘米，处于伸张后的状态，非常平整。

②收缩现象。如果门窗没有关闭而产生穿堂风，或者暖气没有关闭，以及原来墙面上的旧壁纸没有全部揭下，都会使壁纸比胶液干得快，此时壁纸的宽度将从浸胶膨胀后的 54 厘米向原始的宽度 53 厘米进行收缩，结果会造成裂缝及翘边的现象。反之，如果浸胶时间没有达到所要求的 8 ～ 12 分钟，壁纸贴到墙面上之后会继续伸张，结果会造成隆起或皱折的现象。

③上胶不足或过多。上胶量均匀也同样重要，胶量不足的地方会产生小气泡或边缘粘接不好，胶量过多从边缘溢出会在壁纸上留下污渍，采用打胶机施工将大大减少此类问题的出现。

④接缝不垂直。如壁纸接缝或花纹的垂直度有较小的偏差时，为了节约成本，可忽略不计；如壁纸接缝或花纹的垂直度有较大的偏差时，则必须将壁纸全部撕掉，重新粘贴施工，且施工前一定要把基层处理干净平整。

⑤间隙较大。如相邻的两幅壁纸间的离缝距离较小时，可用与壁纸颜色相同的乳胶漆点描在缝隙内，漆膜干燥后一般不易显露；如相邻的两幅壁纸间的离缝距离较大时，则可用相同的壁纸进行补救，但不允许显出补救痕迹。

 贴壁纸之前刷基膜好还是刷清漆好？

贴墙纸前要刷一遍防潮作用的界面剂。过去采用刷醇酸清漆，但这种漆有味道，环保性差。而近年来，普遍是刷基膜。基膜一般在墙纸商店就有销售，价格当然比醇酸清漆贵，但无污染，是目前普遍采用的。

 壁纸贴完后要多久才可以打开窗户通风？

贴壁纸后一般要求是阴干，如果贴完之后马上通风会造成壁纸和墙面剥离。因为空气的流动会造成胶的凝固加速，没有使其正常的化学反应得到体现，所以贴完壁纸后一般要关闭门窗 3 ～ 5 天，最好一周时间，待壁纸后面的胶凝固后再开窗通风。

443 壁纸粘贴后，表面有明显的皱纹及棱脊凸起的死折怎么办？

序号	概述
1	如是在壁纸刚刚粘贴完时就发现有死折，且胶粘剂未干燥，这时可将壁纸揭下来重新进行裱糊
2	如胶粘剂已经干透，则需要撕掉壁纸，重新进行粘贴，但施工前一定要把基层处理干净平整

  444 在墙上做造型，用石灰板合理吗？有哪些注意事项？

合理。用石灰板在墙上做造型是当今较为流行的趋势。但用石灰板在墙上做造型时，应注意的问题是石灰板的结构应当合理，合理的结构会有效防止石灰板的变形坠落。另外还需要符合环保要求。

445 骨架隔墙在施工前不弹线会有什么后果？

骨架隔墙在施工前没有弹线或弹线位置不正确，会导致轻钢龙骨的安装位置不准，造成隔墙不直或偏移，严重的可使房间不方正，出现斜角。

> 需按照设计要求在地面和顶面分别弹出沿地、沿顶龙骨的中心线和位置线，以及隔墙两边竖向龙骨的中心线、位置线和门洞位置线。当弹线完成后，应进行自检，以确保弹线位置正确。

446 用木板条隔墙时应该注意什么？

用于隔墙的板材不得使用有腐朽、劈裂等缺陷的材质。施工时，板条的接头应分段错开，每段长度以 50 厘米左右为宜。在正式抹灰前，板条的铺钉质量必须经过检验，合格后才可进行抹灰。

  447 玻璃隔断墙最好使用什么材质的玻璃？

根据施工工艺标准要求，玻璃隔断墙通常采用至少 10 厘米的钢化玻璃。因为钢化玻璃有抗风压性、寒暑性、冲击性等，更加安全、固牢、耐用，而且玻璃打碎后对人体的伤害比普通玻璃小很多。优质的玻璃隔断有着采光好、隔声、防火、环保、易安装并且玻璃可重复利用等优点。

 448 软包施工时基层不做处理会有什么后果？

当基层不平或有鼓包时，会造成软包面不平而影响美观；当基层没有做防潮处理时，就会造成基层板变形或软包面发霉，从而影响装饰效果。

> 施工前应对基层进行剔凿，使基层表面的垂直度和平整度都达到设计要求。另外，还要利用涂刷清油或防腐涂料对基层进行防腐处理，同样要达到设计要求。

 449 软包施工时胶粘剂的涂刷不符合要求会有什么后果？

如果软包饰面的接缝或边缘处胶粘剂涂刷过少，会导致胶粘剂干燥后出现翘边、翘缝的现象，既影响装饰效果，又影响使用功能。

> 在软包施工时，胶粘剂应涂刷满刷且均匀，在接缝或边缘处可适当多刷些胶粘剂。胶粘剂涂刷后，应赶平压实，多余的胶粘剂应及时清除。

 450 墙体拆除应该注意什么？

拆墙之前，一定要明白哪些墙体是能拆的，哪些是不能拆的，否则会影响到整座楼的结构安全。

①可拆的墙。非承重墙，一般在户型图上都会标明这些墙体，大多比较薄，约10厘米厚。

②不可拆的墙。配重墙，一般老房子阳台窗户下面的墙，都是这种墙，千万不能拆。承重墙，既不能拆，也不能在上面掏大面积的洞口。

> 无论是什么墙体，在对其改造之前，最好都取得物业的同意。否则，很有可能因为违反物业的要求，而被扣掉物业押金。一般墙体中都带有电路管线，要注意不要野蛮施工，弄断电路。同时，在拆之前，也要对电路的改造方向详细考虑。

地面施工篇

451 地面铺瓷砖和铺地板的施工顺序分别是什么？

如果是同时在一个工作区域不同位置进行施工的话，应该先地面铺瓷砖后铺地板。

①地面铺瓷砖的工序：

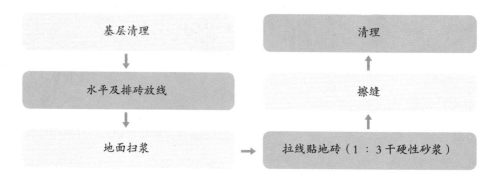

基层清理 → 水平及排砖放线 → 地面扫浆 → 拉线贴地砖（1：3干硬性砂浆）→ 擦缝 → 清理

②铺地板的工序：

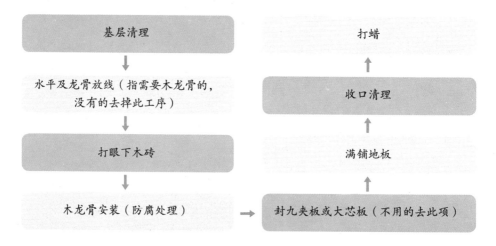

基层清理 → 水平及龙骨放线（指需要木龙骨的，没有的去掉此工序）→ 打眼下木砖 → 木龙骨安装（防腐处理）→ 封九夹板或大芯板（不用的去此项）→ 满铺地板 → 收口清理 → 打蜡

452 地面瓷砖、石材等的铺设需要多长时间？

地面瓷砖、石材等的铺装是技术性较强、劳动强度较大的施工项目。一般地面石材的铺装，在基层地面已经处理完、辅助材料齐备的前提下，每个工人每天铺装6平方米左右。如果加上前期基层处理和铺贴后的养护，每个工人每天实际铺装 4 平方米左右。地面瓷砖的铺装工期比地面石材铺装略少一天左右。如果地面平整，板材质量好、规格较大，施工工期可以缩短。在成品保护的条件下，地面铺装可以和油漆施工、安装施工平行作业。

 大面积铺地砖时是否需要预铺？

　　大面积铺设地砖时必须预铺。要先预铺一遍保证砖的花纹走向能够完全吻合，并且需要把砖统号后再进行铺设，预铺工作是为了真正铺设做铺垫，以防在铺设地砖时出现花纹不合理的情况。需要注意的是，在铺设地砖时，要先阅读砖的说明书。

 瓷砖铺设时为什么要讲究留缝？

　　瓷砖铺设时一定要留缝，这样做不仅是为了处理规格不整的问题，最主要的是给热胀冷缩预留位置。另外，瓷砖本身的尺寸存在一定的误差，工人施工也会有一定的误差。瓷质砖留缝可小一些，陶质砖留缝则大一些，如铺设仿古地砖时留缝要大，这样才能体现出砖的古朴感。

 地砖勾缝会影响瓷砖的热胀冷缩吗？

　　地砖勾缝是指用砂浆将相邻两块砌筑块体材料之间的缝隙填塞饱满，其作用是让左右砌筑块体材料之间的连接更为牢固，并使地面更加清洁、整齐、美观。地砖勾缝不会影响瓷砖的热胀冷缩。通常，地砖出现热胀冷缩而起拱等问题，不是勾缝引起，而是因为留缝过小。所以，要求所有地砖都应留缝。即使是"无缝砖"，也应有一定的缝隙，大约为 1 毫米。

 地面砖出现爆裂或起拱的现象怎么办？

　　地面砖出现爆裂或起拱的现象时，可将爆裂或起拱的地面砖掀起，沿已裂缝的找平层拉线，用切割机切缝，缝宽控制在 10 ～ 15 毫米，而后灌柔性密封胶。结合层可用干硬性水泥砂浆铺刮平整铺贴地面砖，也可用 JC（建筑材料行业标准）建筑装饰胶粘剂。铺贴地面砖要准确对缝，将地面砖的缝留在锯割的伸缩缝上，缝宽控制在 10 毫米左右。

 木地板和地砖之间的高差如何解决？

　　木地板和地砖之间出现高差时，会有专门解决地面高低差的扣条可供选择。如果是差 1 厘米以上，就需要做不锈钢扣条，但因为需求量少，不锈钢扣条的价格可能会比较贵。

地板越宽，铺装效果就越好吗？

有些商家经常鼓吹，木地板板面越宽，铺装效果越好。但实际上，宽幅地板的生产工艺要求并不比窄板高，甚至有的会更低，价格高显然不合理。而且由于采用拼装铺设，宽幅地板容易因地面的平整度不够而产生噪声问题，遇有热胀冷缩时，大块木地板更容易离缝、反弹等，因此家庭使用宽幅木地板并不明智，通常的最佳尺寸是长度 600 毫米以下、宽度 75 毫米以下、厚度 12～18 毫米。

 避免地板有响声的办法有哪些？

处理地板有响声的办法很少，大多情况下只是使情况有所缓和而不能彻底根治。要彻底根治有一个办法，那就是重新紧固地龙，重装地板，可是这样费工又费料。只有在安装地龙和地板之前，注重以下工艺和方法，地板才不会出声。

序号	概述
1	安装地龙前一般都用 12 毫米的电锤钻头打孔，因而起码要用 18~20 毫米以上的方形木榫夯实才有用，否则很轻松就打下孔去，过几天木榫一干燥收缩就松了
2	夯地的木榫材质要比地龙材质硬，硬的木材收缩力小，地龙就不容易把木榫弹拉上来，才能保持稳固性
3	有的一个房间地面水平高差好几公分，这时木匠师傅在地龙下面会垫一些刀形木塞或三夹板之类，以保证地龙水平，这时千万别忘了，垫高 2.5 厘米以上的地龙之间，必须要打上短地龙相互固定，防止地龙左右摇晃摆动，从而保证地龙平整牢固
4	安装实木地板钻孔时，孔径一定要比地板钉小，这样地板才吃钉
5	墙面四周预留 1 厘米以上的地板收缩缝，以避免气候变化或地板含水率不符，膨胀起拱

 地面大面积铺地毯，铺完后为什么会鼓包？

除地毯在铺装前未铺展平外，主要原因是铺装时撑子张平松紧不匀及倒刺板中个别倒刺没有抓住所致。如地毯打开时，出现鼓起现象，应将地毯反过来卷一下后，再铺展平整。铺装时撑子用力要均匀，张平后立即装入倒刺板，用扁铲敲打，保证所有倒刺都能抓住地毯。

顶面施工篇

 461 做吊顶时用木龙骨好还是轻钢龙骨好？

　　木龙骨和轻钢龙骨都是做吊顶时做基底的材料。相对来说，轻钢龙骨抗变形性能较好，坚固耐用。但由于轻钢龙骨是金属材质，因此，在做复杂吊顶造型的时候不易施工；木龙骨适于做复杂造型吊顶，但是若风干不好容易变形、发霉。因此，做简单直线吊顶时用轻钢龙骨较好，做复杂艺术吊顶时，可以轻钢龙骨和木龙骨结合使用。

 462 做吊顶时为什么一定要打自攻螺钉？

　　吊顶上自攻螺钉是为了将罩面板牢固地固定在龙骨上，防止罩面板因为日后的各种因素（如四季的热胀冷缩）引起松动脱落。单纯用胶粘或用排钉固定都是不正确的施工方法。

 463 吊顶饰面板安装表面为什么会有鼓包？如何处理？

　　吊顶饰面表面鼓包主要是由于钉头未卧入板内所致。无论是圆钉还是木螺钉，钉帽都必须卧入饰面板内，可用铁锤垫铁垫将圆钉钉入板内或用螺丝刀将木螺钉沉入板内，再用腻子找平。注意不要损坏纸面石膏板的纸面。

 464 吊顶需要刷防火涂料吗？

　　吊顶用的骨架如果是木龙骨，则需要刷防火涂料；如果是轻钢龙骨或钢筋则不需要防火，只需要防锈处理。一般情况下，吊顶使用的都不是易燃材料，按照建筑设计防火规范是不用刷防火涂料的。另外，在家庭装修中需要考虑到屋顶是否有人走动，如果屋顶有人走动的话，则必须刷涂防火涂料。

 465 吊顶表面起伏不平怎么办？

　　吊平顶要求安装牢固，不松动，表面平整，因此在吊平顶封板前，必须对吊点、吊杆、龙骨的安装进行检查，凡发现吊点松动、吊杆弯曲、吊杆歪斜、龙骨松动、不平整等情况时应督促施工人员进行调整。如吊平顶内敷设电气管线、给排水、空调管线等时，则必须待其安装完毕、调试符合要求后再封罩面板，以免施工踩坏平顶而影响平顶的平整。罩面板安装后应检查其是否平整，一般以观察、手试的方法检查，必要时可拉线、尺量检查其平整情况。

 吊顶与墙面或灯具等交接处有漏缝现象会有什么后果？

由于吊顶的压条不直，或墙面刷涂料时不平整，造成交接处出现漏缝，会直接影响到装饰效果。因此，吊顶压条安装时要平直，遇到问题要及时调整。墙面刷涂料时要注意不能有堆积现象，尤其是在墙面与吊顶的交接处，施工时应随时检查，发现问题应及时作出调整。

 厨卫吊顶工程需要注意什么？

①使用新材料。在实际的施工进程当中，防水涂料、PVC板材和铝塑板是在厨房、卫浴间吊顶中常使用的材料。防水涂料在施工中，有施工方便、造价较低、色彩多样的特点，但装饰效果也一样，在长期使用之后，有局部脱落与褪色的现象发生，性能也较不稳定，目前已很少使用，在吊顶型材中属于过渡性产品。而近年来渐渐走俏的材料是铝合金吊顶，色彩艳丽且不褪色，防火，环保无污染。

②排风排湿系统。施工过程中更为主要的还有排风排湿系统的设置，使室内的潮湿空气得到及时的排放，一方面是能保护好吊顶材料及其结构，也能有效保护厨房及卫浴间内日益增加的电器设备，更为清洁工作提供了更多的方便。

 厨房、卫浴间不吊顶可以吗？

厨房和卫浴间有水汽，另外厨房还有油污，如果不做吊顶，污物会积聚在吊顶顶部，很难清理干净。即使是采用防水可擦洗的乳胶漆，由于要喷上油污清洁剂，其耐用度也不会持久，这也是为什么厨房不用石膏板吊顶的原因。

由于厨房、卫浴间面积通常不大，所以做一个吊顶费用也不是很高。需要安装在吊顶上的设备（如排气扇、浴霸）有了安装位置，橱柜上柜也与吊顶有了结合位置、体现出整体感，当然还有美观、清理方便等优点。

 阳台顶面刷漆好还是吊顶好？

阳台顶面施工时，吊顶比较好，一般以铝扣板或PVC板吊顶为主。因为阳台通风性较强，同时会种植植物、放置洗衣机或晾晒衣物，总体来说，湿气较大，特别是在冬天，如果是漆面涂刷，很可能会破坏顶面漆。

门窗、楼梯施工篇

 470 门窗改造时有哪些注意事项？

①门窗改造要注意安全。一是人身安全，二是结构安全。门窗拆除时，一定要确保拆除工人及他人的安全。拆除时，工人必须采取严格的安全措施，防止意外发生，包括工人自身与拆除物坠落有可能导致的他人伤害，所有的拆除物都不可以从窗口扔出或者掉落。此外，拆除后的门窗洞，应当用木条等封住，避免施工时发生意外。如果只是进行外部刷漆等局部翻新，同样要注意操作中的安全问题，不可随意施工。

②旧房门窗拆除会涉及房屋结构的安全问题。门窗所在的墙体大多都是房屋的承重结构，因此，在拆除时，不能破坏周围的结构，否则会影响到房屋的结构安全。原则是，宁肯破坏门窗，也不要破坏墙体的结构，如墙内的钢筋。门窗尺寸的改动，业主应该与专业施工人员进行协商，确认不会影响到墙体安全后，才可以进行。

③门窗改造要注意新门的质量。门窗是家居最重要的组成部分之一，选用的门窗质量够上乘，安装又得当，居室的装修改造才算成功。否则，最终的装修质量就会大打折扣，引起很多后期的麻烦。

④多花心思进行门的改造。多采用推拉形式、折叠形式以及玻璃材料，是节约空间、制造时尚效果的好办法。

 471 推拉门一般在什么时候安装？

目前在家庭装修中，推拉门受到了许多关注，因其便于清洁，也会为居室带来通透的视觉效果。推拉门的安装时间取决于室内选择做明轨道还是暗轨道，如果是明轨道，要先把地板铺好再装门；如果是暗轨道，就需要先装门再铺地板。

 472 室内房门一定要做门套吗？

室内房门做不做门套，其实没有硬性规定。但从装修角度来讲，门洞装修时常把门及门边作为一个整体来处理，这是美观度需求。如果不做门套，那么在安装成品门之前，门洞要先安装好门框（门框背面做防腐处理），固定牢固后（按质量标准安装）应抹灰处理好。

 卫浴间和厨房能包木门套吗？

卫浴间和厨房可以包木门套。但在做门套时，所用材料不可以靠近地面，包套用的材料可以在反面做一层油漆保护。门套反面可以用灰胶封闭缝隙，这样做能够隔绝水分，保证门套的木质不受潮。

 为什么门窗安装必须采用预留洞口的方法？

金属门窗、塑料门窗安装必须先砌墙留出洞口，再把门窗安到洞口中去，严禁边安装边砌洞口或先安门窗后砌墙。这是由于下列两方面原因：其一，金属门窗和塑料门窗与木门窗不一样，除实腹钢门窗外都是空腹的，门窗料较薄，如锤击或挤压易引起局部弯曲和损坏。其二，金属门窗表面都有一层保护装饰膜或防锈涂层，如保护装饰膜被磨损后，是难以修复的；防锈涂层被磨损后不及时修补，也会失去防锈作用。因此，为了保证门窗安装质量和使用效果，必须先砌洞口后安装门窗。

 铝合金门窗的门窗口不垂直，或有倾斜怎么办？

发现铝合金门窗的门窗口不垂直或有倾斜的现象，如果情况不是很严重，是可以忽略不计的，因为在施工过程中产生合理偏差是正常的；若问题较严重，影响到业主的使用功能，则应及时拆除锚固板，将门窗框重新校正，之后再进行重新固定。

 门窗拆除后，是否可以直接施工？

门窗拆除后不可以直接施工。如果要进行施工，需要先把拆坏的地方用水泥沙浆或石膏修理平整之后，方可进行施工。门窗拆除会给墙体带来一定的损坏，如果不对其进行处理的话，会影响门窗的固定性能，也会成为一种安全隐患。

477 用无框玻璃窗户封装阳台安全吗？

顾名思义，无框阳台窗的优点就是"无框"，从而能使人充分亲近阳光。"无框"窗看似无框实则有框，其框架在玻璃的上下两端。相对有框窗，无框窗要比有框窗更安全，因为无框窗的玻璃是用铆钉铆固在玻璃梁上，而不像一般有框窗仅仅把玻璃嵌在玻璃梁内后简单打一层胶体。

（478） 楼梯安装施工的流程是什么？

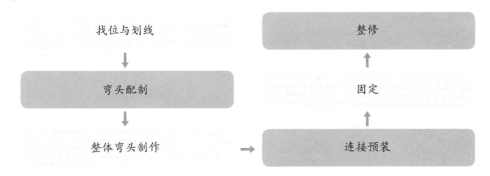

①找位与划线：找位与划线分别指的是安装扶手的固定件，比如位置、标高、坡度、找位校正后弹出扶手纵向中心线；按设计扶手构造，根据折弯位置、角度、划出折弯或割角线；楼梯栏板和栏杆定面，划出扶手直线段与弯、折弯段的起点和终点位置（必要时可借助 14# 铁线放样）。

②弯头配制：按栏板或栏杆顶面的斜度，配好起步弯头，一般木扶手，可用扶手料割配弯头。采用割角对缝粘接，在断块割配区段内最少要考虑用三个螺丝钉与支撑固定件连接固定，大于 70 毫米断面的扶手接头配置时，除黏结外，还应在下面作暗榫或用铁件结合。

③整体弯头制作：先做足尺大样的样板，并与现场划线核对后，在弯头料上按样板划线，制成雏型毛料（毛料尺寸一般大于设计尺寸约 10 毫米）。按划线位置预装，与纵向直线扶手端头黏结，制作的弯头下面刻槽与栏杆扁钢或固定件紧贴结合。

④连接预装：预制木扶手须经预装，预装木扶手由下往上进行，先预装起步弯头及连接第一跑扶手的折弯弯头，再配上折弯之间的直线扶手料，进行分段预装黏结，黏结时操作环境温度不得低于 5℃。

⑤固定：分段预装检查无误，进行扶手与栏杆（栏板）上固定件，用木螺丝拧紧固定，固定间距控制在 400 毫米以内，操作时，应在固定点处先将扶手料钻孔，再将木螺丝拧入。

⑥整修：扶手弯折处如有不平顺，应用细木锉锉平，找顺磨光，使其折角线清晰，坡角合适，弯曲自然，断面一致，最后用木砂纸打光。

厨卫施工篇

 479 厨卫装修施工中，电线、管线铺设需要注意什么？

① PVC 管的保护。在地面电路铺设完毕后，应在铺设的 PVC 管两侧放置木方，或用水泥砂浆做护坡，以防止 PVC 管在工人施工中因来回走动而被踩破。强弱电的间距应该在 50 厘米左右，以减少它们之间的电磁干扰，以及防止安全事故的出现。

② PVC 管线连接是否紧密。电源线在埋入墙内、吊顶内、地板或地板内时必须穿 PVC 管，管内不应有结合扭结。电线保护管的弯曲处，应使用配套弯管工具或配套弯头，不应有褶皱。

③ 地面基层。主要看地面水泥找平层是否合格：首先应将原房地面不平整的地方用水泥砂浆铺平，另外厨卫应该有坡度，并且坡度也是非常讲究的（一般坡度为 2%）。

④ 隔墙基层。一是包柱是否用红砖墙、水泥拉力板等。通常施工工艺要求厨卫房间的包柱都必须用红砖砌墙，并预留观察口，尺寸要与实际相符，便于将来维修；二是是否做水泥拉毛处理，增加瓷砖的接触面，同时增强摩擦力，使瓷砖附着更加牢固。

 480 厨卫装修施工中，排水工程需要注意哪些问题？

① 防水层防水性是否良好。厨房、卫浴间及背墙面在防水要求方面要比其他房间高，防水涂料要刷到 1.8 米高，其他房间也应该在 0.3 米高。

② 水管线是否漏水。PP-R 管安装布局应合理，横平竖直，并且注意管线不得靠近电源，与电源间距最短直线距离为 0.2 厘米，管线与卫生器具的连接一定要紧密，经通水试验无渗漏方可。

③ 地面排水是否顺畅。厨房、卫浴间是排水的主要地方，所以地面找平应有一定坡度（2%），确保水在地面汇集成自然水流并最终流向地漏。但应该注意，不能单纯为了水流顺畅而过于强调坡度，因为坡度过斜，会影响美观与防滑。

 481 厨房烟道改造需要注意哪些问题？

烟道从建筑结构设计来看由于有主、副烟道之分，是不能随意横向改动的，否则会影响排烟并有倒灌的可能，而为了美观将烟道口上下移动则不会有不良影响。

烟机形式	改造方法
西式烟机（多为金字塔形）	一般烟道的走向为垂直向上，外加不锈钢烟道装饰板，烟道口可改入吊顶内
中式烟机	由于烟道导管外一般无装饰板，则烟道口需改在吊顶下适当位置，以便烟道导管经装饰板或从烟机吊柜内同烟机连接

 厨房燃气管道改造需要注意哪些问题？

厨房中的燃气管道或燃气表有可能影响装修，但燃气公司的设计是出于安全或安装方便来考虑的。因此燃气管道的改动也必须由燃气公司认可或操作才可以（燃气公司一般收费180 ~ 260 元）。

如果需要改动，原则上从气表分出的管道应尽量贴近主管道向下延伸然后拐向燃气灶附近，横管高度以地柜高度下 20 厘米为宜。别墅或燃气表在户外的客户管道的修改可以入墙或从地表走管（因为橱柜都有地脚，一般距地 10 厘米），在灶台的位置甩出接口即可。

 厨房放置洗衣机时，一定要做防水吗？

厨房放置洗衣机时，上排水可直接把排水管接到下水管中，这种情况可不做防水；需要注意的是，在下排水时是必须要做防水的，在装修过程中，施工人员对厨房地面工程的质量要求相较高，因为这部分的地面工程如果要进行返工，是非常难处理的。

 厨房没有承重墙该如何安装吊柜？

①非承重墙加固。于夹层或隔断的非承重墙来说，可以使用箱体白板或依据墙体受力情况采取更厚一些的白板，固定在墙体上，来对墙体进行加固加厚。而非承重墙承受力度实在太低的话，可以做成 U 形板材，将白板与其他承重墙体固定，把受力点转移到其他承重墙体上，再安装橱柜。但这种在加工和安装上比较困难，需要安装工人经验丰富，考虑周到。这种方法既安全方便，造价也十分便宜。

②使用吊码挂片。吊码挂片是一种表面有均匀孔位的铁片，在安装时使用得少，需要使用它的情况一般比较特殊：比如墙上有管道，在胀栓不够长的情况下，橱柜无法固定（是悬空

的）；或者水电线路从墙体里经过，无法直接固定。但这种挂片很贵，而且很难在建材市场买到。另外，还可采取挂钢丝网的形式预先对墙体进行处理。如果是圆孔板式墙体，则要预先堵住有孔洞的地方。而施工工人会考虑对达不到一定握钉力的墙体挂钢丝网，先把长约 1 米的钢丝网固定在墙上，抹上一层灰后再贴砖。整个过程较简单，可增加墙体的整体性，加固墙体。

 485 壁柜、吊柜及固定家具安装工艺流程是什么？

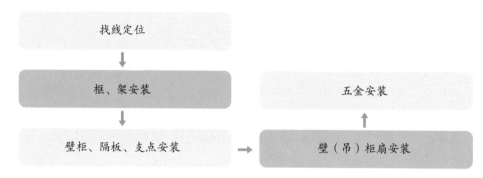

①找线定位：抹灰前利用室内统一标高线，按设计施工图要求的壁柜、吊柜标高及上下口高度，考虑抹灰厚度的关系，确定相应的位置。

②框、架安装：壁柜、吊柜的框和架应在室内抹灰前进行，安装在正确位置后，两侧框每个固定件钉两个钉子与墙体木砖钉固，钉帽不得外露；若隔断墙为加气混凝土或轻质隔板墙时，应按设计要求的构造固定。如设计无要求时可预钻 $\phi 5$ 毫米孔，深 $70 \sim 100$ 毫米，并事先在孔内预埋木楔。用掺 108 胶的水泥浆，打入孔内黏结牢固后再安装固定柜；采用钢柜时，需在安装洞口固定框的位置预埋铁件，进行框件的焊固。在框、架固定时，应先校正、套方、吊直、核对标高、尺寸、位置准确无误后再进行固定。

③壁柜、隔板、支点安装：按施工图隔板标高位置及要求的支点构造安设隔板支点条（架）。木隔板的支点，一般是将支点木条钉在墙体木砖上，混凝土隔板一般是"匚"形铁件或设置角钢支架。

④壁（吊）柜扇安装：

序号	概述
1	按扇的安装位置确定五金型号、对开扇裁口方向，一般应以开启方向的右扇为盖口扇
2	检查框口尺寸，框口高度应量上口两端，框口宽度，应两侧框间上、中、下三点，并在扇的相应部位定点划线
3	根据划线进行框扇第一次修刨，使框、扇留缝合适，试装并划第二次修刨线，同时划出框、扇合页槽位置，注意划线时避开上下冒头

序号	概述
4	铲、剔合页槽安装合页时，根据标划的合页位置，用扁铲凿出合页边线，即可剔合页槽
5	安装时应将合页先压入扇的合页槽内，找正拧好固定螺钉，试装时修合页槽的深度等，调好框扇缝隙，框上每支合页先拧一个螺钉，然后关闭，检查框与扇平整、无缺陷，符合要求后将全部螺钉安上拧紧。木螺钉应钉入全长 1/3，拧入 2/3，如框、扇为黄花木或其他硬木时，合页安装螺钉应划位打眼，孔径为木螺钉直径的 0.9 倍，眼深为螺钉的 2/3 长度
6	安装对开扇时，先将框、扇尺寸量好，确定中间对口缝、裁口深度，划线后进行刨槽，试装合适时，先装左扇，后装盖扇

⑤五金安装：指五金的品种、规格、数量按设计要求安装，安装时注意位置的选择，无具体尺寸操作就按技术交底进行，一般应先安装样板，经确认后大面积安装。

 壁柜、吊柜及固定家具安装应注意哪些质量问题？

①抹灰面与框不平，造成贴脸板、压缝条不平。主要是因框不垂直，面层平度不一致或抹灰面不垂直。

②柜框安装不牢。预埋木砖安装时碰活动、固定点少，用钉固定时，要数量够，木砖牢固。

③合页不平、螺钉松动、螺帽不平正、缺螺纹。主要原因为合页槽深浅不一，安装时螺钉打入太长。操作时螺钉打入长度 1/3，拧入深度应 2/3，不得倾斜。

④柜框与洞口尺寸误差过大。造成边框与侧墙、顶与上框间缝隙过大，注意结构施工留洞尺寸，严格检查确保洞口尺寸。

 卫浴间装修应注意哪些问题？

①地面：注意防水、防滑。卫浴间的地面装饰材料，最好用有凸起花纹的防滑地砖，这种地砖不仅有很好的防水性能，而且即使在沾水的情况下，也不会太滑。

②顶部：防潮、遮掩最重要。在装修卫浴间顶部时，要注意防水汽，最好采用防水性能较好的 PVC 扣板。这种扣板可以安装在龙骨上，还能起到遮掩管道的作用。

③电路：安全第一。卫浴间比较潮湿，所以在安装电灯、电线时要格外小心。最好使用带有安全防护功能的灯具和开关，接头和插销也不能暴露在外。

④采光：明亮即可。卫浴间一般可选用防水型日光壁灯或防爆型白炽吊灯。在照明方面最好稍强一些，以弥补自然采光的不足。

卫浴间吊顶的安装应注意哪些问题？

购买的铝扣板和与之配套的龙骨、配件应符合产品质量要求，不得有弯曲变形的情况。在运输和堆放过程中，扣板要搁置平整，不能受压，并避免高温和有害物质的侵蚀。安装铝扣板时，如尺寸有偏差应予调整后按顺序镶插，不得硬插，以防变形。大型灯具、排气扇等物应单独做龙骨固定，不应直接搁置在铝扣板上。

 卫浴间防水需要做多高？

卫浴间防水高度一般为180厘米。6平方米左右的卫浴间则可以分干湿区，淋浴附近1.5米范围内做180厘米高，其余做50厘米高即可，这样既能省钱又达到目的。另外，防水最好不要自己施工，可以包给专业装修公司来做，因为防水维修的成本远远高于防水本身的造价。

 卫浴间铺好地砖后发现往楼下漏水怎么处理？

原因	内容
下水管漏水	较容易，找物业管理人员协同楼下邻居，掀开楼下卫浴间顶进行修补
墙缝渗水	较麻烦，必须凿除地面地砖进行防水处理，防水不光要做地面，墙面翻边也要做。如果是原建筑商防水没做或者原有防水出问题，则该项费用损失可以找他们承担；如果是自己装修过程中破坏了原有防水，则需要自己修补

 卫浴间地面防水和墙面防水能分开做吗？

卫浴间地面防水和墙面防水最好不要分开做，因为地面和墙面连接处容易出现渗漏，管道洁具和阴阳角等问题需要加强处理；如果实在需要分开进行的话，需要有足够的交叉重叠层，分开做防水时，墙面最好用刚性防水材料，地面用柔性防水材料。

 卫浴间水路改造需做好哪几点？

①墙上开槽。最好先问物业，设想走管的地方能不能开槽，如果不能，最好用其他方法解决。
②给坐便器留进水接口。位置一定要和坐便器水箱离地面的高度适配，如果留高了，最后装坐便器时有可能冲突。

③冷热出水口距离。洗手盆处，如果安装柱盆，应注意冷热水出口的距离不要太宽，否则柱盆柱的宽度遮不住冷热水管，从柱盆的正面看，能看到两侧有水管。

④预留水龙头。卫浴间除了给洗衣机留好出水龙头外，最好还能留一个龙头接口，这样可以解决以后日常生活中需要接水管的情形。

 浴缸安装时需要注意哪些问题？

序号	概述
1	在安装裙板浴缸时，其裙板底部应紧贴地面，楼板在排水处应预留250~300毫米洞孔，便于排水安装，在浴缸排水端部墙体设置检修孔。其他各类浴缸可根据有关标准或用户需求确定浴缸上平面高度；然后砌两条砖基础后安装浴缸。如浴缸侧边砌裙墙，应在浴缸排水处设置检修孔或在排水端部墙上开设检修孔
2	各种浴缸冷、热水龙头或混合龙头其高度应高出浴缸上平面150毫米。安装时应不损坏镀铬层，镀铬罩与墙面应紧贴
3	固定式淋浴器、软管淋浴器其高度可按有关标准或按用户需求安装。浴缸安装上平面必须用水平尺校验平整，不得侧斜
4	浴缸上口侧边与墙面结合处应用密封膏填嵌密实。浴缸排水与排水管连接应牢固密实，且便于拆卸，连接处不得敞口

 洗面盆安装时需要注意哪些问题？

序号	概述
1	洗面盆产品应平整无损裂，排水栓应有不小于8毫米直径的溢流孔
2	排水栓与洗面盆连接时排水栓溢流孔应尽量对准洗面盆溢流孔以保证溢流部位畅通，镶接后排水栓上端面应低于洗面盆底
3	托架固定螺栓可采用不小于6毫米的镀锌开脚螺栓或镀锌金属膨胀螺栓（如墙体是多孔砖，则严禁使用膨胀螺栓）
4	洗面盆与排水管连接后应牢固密实，且便于拆卸，连接处不得敞口
5	洗面盆与墙面接触部应用硅膏嵌缝。如洗面盆排水存水弯和水龙头是镀铬产品，在安装时不得损坏镀层

坐便器安装时需要注意哪些问题？

序号	概述
1	给水管安装角阀高度一般距地面至角阀中心为250毫米，如安装连体坐便器，应根据坐便器进水口离地高度而定，但不小于100毫米，给水管角阀中心一般在污水管中心左侧150毫米或根据坐便器实际尺寸定位
2	低水箱坐便器其水箱应用镀锌开脚螺栓或用镀锌金属膨胀螺栓固定。如墙体是多孔砖则严禁使用膨胀螺栓，水箱与螺母间应采用软性垫片，严禁使用金属硬垫片
3	带水箱及连体坐便器其水箱后背部离墙应不大于20毫米。坐便器安装应用不小于6毫米镀锌膨胀螺栓固定，坐便器与螺母间应用软性垫片固定，污水管应露出地面10毫米
4	坐便器安装时应先在底部排水口周围涂满油灰，然后将坐便器排出口对准污水管口慢慢地往下压挤密实填平整，再将垫片螺母拧紧，清除被挤出油灰，在底座周边用油灰填嵌密实后立即用回丝或抹布揩擦清洁
5	冲水箱内溢水管高度应低于扳手孔30~40毫米，以防进水阀门损坏时水从扳手孔溢出

 浴霸安装时需要注意哪些问题？

①留线（电线）。一般灯暖型浴霸要求4组线（灯暖2组、换气1组、照明1组），有5根电线（顶上面是1根零线、4根控制火线，下面开关处是1根进火线、4根控制出火线）；风暖型浴霸（PT-C陶瓷发热片取暖）要求用5组线（照明1组、换气1组、PT-C发热片2组、内循环吹风机负离子1组）。

②出风口。换气扇需要一个风口才能将室内空气吸出。出风口的直径一般为10厘米，一般要在吊顶前就开好。

③安装口的预留。一般浴霸开孔为300毫米×300毫米，也有浴霸开孔为300毫米×400毫米左右。根据不同的扣板对预留安装口的要求和方法有一些区别：

序号	概述
1	300毫米×300毫米或300毫米×600毫米的铝扣板吊顶，留一片300毫米×300毫米的扣板位置不安装即可
2	条形铝条板最好是在安装扣板时确认浴霸开孔大小，在安装扣板时留好安装孔，在吊顶上准备两根大于吊顶主龙骨跨度的结实木条，做安装浴霸之用（塑钢扣板基本同上）
3	防水石膏板吊顶和桑拿板吊顶，因要确认龙骨的位置，在安装扣板时要确定浴霸安装开孔尺寸预留

环保施工篇

 施工上怎样体现绿色环保装修？

　　在实施绿色环保设计中，选择经济、实用的绿色装饰材料十分重要。绿色装饰材料是指在其生产制造和使用过程中既不会损害人体健康，又不会导致环境污染和生态破坏的健康型、环保型、安全型的室内装饰材料。因此选择饰材时，最好选择通过 ISO9000 系列质量体系认证或有绿色环保标志的产品。尽量选用中国消费者协会推荐的绿色产品，国家卫生部门检验合格的产品更可以放心使用。

 装修前期如何控制好装修污染问题？

类别	内容
油漆涂料	使用带有十环标志的油漆可降低苯污染。另外，推荐使用聚氨酯水性漆。这种漆性能和溶剂型油漆相差无几，涂刷后几乎没有气味，不会造成装修污染
板材	使用环保板材可能会降低游离甲醛的污染，但前提是使用量要少
石材	从类别上一定要选择 A 类、B 类石材，从颜色上尽量不选择红色石材特别是杜鹃红、杜鹃绿、印度红、桂林红等。选购石材时，最好参考《市场上销售的部分石材放射性分类控制标准与数据》

 装修中期如何控制好装修污染问题？

　　在装修过程中主要是对板材，如大芯板、三合板等进行除甲醛处理，在板材刷油漆之前在板材正反两面用甲醛清除剂进行涂刷处理，能够非常有效地清除板材中的游离甲醛。

 装修后期如何控制好装修污染问题？

　　①家具污染治理。购买家具时，一定要索取家具环保证明。
　　②装修污染治理。根据室内空气质量检测结果可以采用不同的治理方案。轻微污染，室

内污染物超标 1 倍以内，可以采用开窗通风、摆放盆景植物如吊兰、芦荟等进行治理；中度污染，室内污染物超标 2 ~ 3 倍，可以采用开窗通风、摆放盆景植物、摆放活性炭、购买甲醛清除剂、苯清除剂、TVOC 清除剂等自行进行处理；重度污染，室内污染物超标 4 倍以上，必须请专业的污染治理公司进行光触媒综合治理，个人自行治理已经不起作用。

 常见室内装修污染问题有哪些？分别是哪些材料产生的？

污染物质	污染来源
甲醛	源于家具制作中的人造板材及胶粘剂以及少数的乳胶漆中，家装离不开板材，板材离不开甲醛污染，当然家装就离不开甲醛污染。值得注意的是，油漆好的家具，由于已将甲醛物理性地封闭在家具内，释放期可长达 15 年之久
苯	源于油漆及少数的胶粘剂，现在环保油漆大多属无苯漆或无三苯污染的漆。油漆一般在家具的表面，在短期内即 3 个月内开窗通风可释放 80% 左右的污染，10~12 个月基本可降至一个较低的水平
氨	源于建筑本身，一般的水泥早强剂使用量太大会有这一问题，在北方因气候较冷，这一问题较为突出
氡	建筑材料是室内氡最主要的来源，如花岗岩、瓷砖等

 如何减少家庭装修室内空气污染造成的危害？

①应选择合乎质量标准的装修材料。虽然国家执行 10 种《室内装饰装修材料有害物质限量》标准，但市场监管存在漏洞，公众很难在装修中确保建材质量的合格。

②装修验收时应增加空气质量控制指标。部分大城市已经把室内空气质量作为装修格式合同的必要内容之一，在当前注重民生、大力推进安居工程的关键时期，需要加强监管，更需要投入资金建立公益性的空气质量检测机构。

③在装修后让房屋空置、通风一段时间再入住。据数据显示，装修 3 个月后苯的污染危害就会大幅度降低，如果能空置半年则效果更好。

503 如何应对家庭装修的污染？

方法	使用效果
通风法	装修刚结束污染释放量最大，这时候最好的办法就是开窗通风，建议打开电风扇加速室内外空气交流
花草树木法	只能吸附部分有害物质，有味道的植物只能掩盖有害气体的味道，不能错误地认为不存在装修污染的有害气体
生物法	可以分解掉多种有害物质
空气触媒法	触媒是一种催化剂，有害气体在这种催化剂的作用下，遇到空气，会分解成水和二氧化碳等无害物质，此种触媒使用范围广，不需要光线
活性炭法	可以吸附各种有害物质，但不要认为有活性炭家里马上就没味道。因为它的持续时间为3~6个月，之后会饱和失去活性

施工验收篇

 504 家装验收的主要内容有哪些？

家庭装修一般分为五个方面：（水、电、瓦、木、油），并以国家验收规范和施工合同约定的质量验收标准为依据对工程各方面进行验收，作为业主在非专业验收应注意以下几点	
水	水池、面盆、洁具、上下水管、暖气等。水池、面盆、洁具的安装是否平整、牢固、顺直；上下水路管线是否顺直，紧固件是否已安装，接头有无漏水和渗水现象
电	电源线（插座、开关、灯具）、电视、电话。电源线是否使用国标铜线，一般照明和插座使用2.5平方毫米线；厨卫间使用4平方毫米线，如果电源线是多股线，还要进行焊锡处理后方可接在开关插座上；电视和电话信号线要和电源线保持一定的距离（不小于250毫米）；灯具的安装要使用金属吊点，完工后要逐个测试

	家庭装修一般分为五个方面：（水、电、瓦、木、油），并以国家验收规范和施工合同约定的质量验收标准为依据对工程各方面进行验收，作为业主在非专业验收应注意以下几点	
瓦	瓷砖(湿贴、干贴)、石材(湿贴、干挂)。施工前要进行预排预选工序，把规格不一的材料分成几类，分别放在不同的房间或平面，以使砖缝对齐，把个别翘角的材料作为切割材料使用，这样就能使用质量较低的材料装出较好的效果	
木	门窗、吊顶、壁柜、墙裙、暖气罩、地板。选择木材一定要选烘干的材料，这样才会避免日后的变形；木方要静面涂刷防火防腐材料后方可使用，细木工板要选用质量高、环保的材料。大面积吊顶、墙裙每平方米不少于8个固定点，吊顶要使用金属吊点，门窗的制作要使用质量好一些的材料以防变形。地板找平的木方要大一些	
油	油漆(清油、混油)、涂料、裱糊、软包。装饰装修的表面处理最为关键，油漆一定要选用优质材料，涂刷或喷漆之前一定要做好表面处理，混油先在木器表面挂平原子灰，经打磨平整后再喷涂油漆，墙面的墙漆在涂刷前，一定要使用底漆（以隔绝墙和面漆的酸碱反应）以防墙面变色	

 505 装修初期验收什么内容？

装修初期验收最重要的是检查进场材料（如腻子、胶类等）是否与合同中预算单上的材料一致，尤其要检查水电改造材料（电线、水管）的品牌是否属于装饰公司专用品牌，避免进场材料中掺杂其他材料影响后期施工。如果业主发现进场材料与合同中的品牌不同，则可以拒绝在材料验收单上签字，直至与装饰公司协商解决后再签字。

 506 装修中期验收什么内容？

装修中期验收一般是指隐蔽工程完成后，即将准备精装时的验收。隐蔽工程和木工工程等进行中期验收时，可从以下几方面着手：首先，检查照明电路是否符合规程，插座、灯具开关、总闸、漏电开关等要有一定高度；厨房、空调要用专线放置，电视天线和电话专线要安装在便于维修的位置；其次，检查排水是否顺畅，有无渗漏、回流和积水现象，高档卫浴用品是否有划痕；新砌墙体是否垂直，砖体水平面是否一致，接缝是否整齐；最后看油漆是否光滑并且无裂缝、是否有色差和钉眼。

507 装修后期验收什么内容？

装修后期验收相对装修中期的验收来说，是比较简单的，主要是对中期项目的收尾部分进行检验。如木制品、墙面、顶面，业主可对其表面油漆、涂料的光滑度、是否有流坠现象以及颜色是否一致进行检验。

 508 装修验收过程中有哪些误区？

①重结果不重过程。有些业主甚至包括一些公司的工程监理，对装修过程中的验收工程不是很重视，到了工程完工时，才发现有些地方的隐蔽工程没有做好，如因防水处理不好，导致的卫浴间、墙面发霉等。

②忽略室内空气质量验收。对于装修后的室内空气质量，尽管装修公司在选择材料的时候都用有国家环保认证的装修材料，但是，因为目前市场上的任何一款材料，都或多或少地有一定的有害物质，所以在装修的过程中，难免会产生一定的空气污染。有条件的家庭最好在装修完毕之后做室内空气质量检测，验收检测、治理合格之后再入住。

 509 哪些验收项目容易被遗忘？

①因顶面整体或局部塌落，使吊顶变成"掉顶"。主要是因为吊顶与楼板，以及龙骨与饰面板结合不好，或承重过大所造成的。按照规定，吊顶龙骨不得扭曲、变形，安装好的龙骨应该牢固、可靠，四周水平偏差不得超过5毫米；超过3千克重的吊灯或吊扇，不能悬挂在吊顶龙骨上，而应该另设吊钩。如果吊顶使用石膏板作饰面板，其厚度应该在9毫米左右。

②阳台封装固定不牢造成塌落。由于目前的房屋设计中，阳台上没有预留封装材料的"落脚点"，因此给阳台封装造成一定难度。因此，在封装阳台时，门窗必须横平竖直、高低一致，外观无变形、开焊、断裂。框与墙体之间的缝隙应饱满密实。

③管道渗漏造成顶面损坏。厨房、卫浴中的上下水管道很容易出现问题，由于管道安装不易检查，因此所有管道施工完毕后，一定要经过注水、加压检查，没有跑、冒、滴、漏现象才算过关。

④暗埋线路不过关。目前许多居室都采用暗埋线路，因此业主不易对施工质量进行检查。按规定，暗埋线路不能直接埋入抹灰层，而要在电线外面套管。套管中的电线不能有扭曲、接头。另外，在线路安装时，一定要严格遵守"火线进开关，零线进灯头""左零右火、接地在上"的规定。施工完毕后，除了要通电检查外，施工队还要提供一份详尽的电路配置图。

Chapter 5

没有不知道的家装设计

户型设计篇

 小户型设计的重点是什么？

①空间的分区。在户型较小的居室内，应尽量避免绝对的空间划分，比如一个完全独立的玄关会占去客厅不少空间。可以利用地面、顶面不同的材质、造型，以及不同风格的家具以示区分。

②色调的选择。冷色调因有扩散和后退性，在居室中使用能给人以清新开朗、明亮宽敞的感受，所以一般可选用。

③家具的布置。造型简单、质感轻、小巧的家具，尤其是那些可随意组合、拆装、收纳的家具比较适合小户型；或选用占地面积小、比较高的家具，既可以容纳大物品，又不浪费空间。

511 户型太小，想改动空间可以吗？

小户型的结构一般都比较复杂，很多人不管结构如何，就盲目地把承重墙、风道、烟道拆掉，或者做下水与电、气的更改。这样做，轻则会造成节点，产生裂痕，重则会影响整栋楼的承重结构，缩短使用寿命。因此小户型装修最好不要擅自改动空间，如果不得不对空间进行改动，需要请专业人士来对户型进行评估。

512 没有了实体墙，小户型该怎么做隔断？

小户型装修时应谨慎运用硬质隔断，如无必要，尽量少做硬性隔断，一定要做的话可以考虑用玻璃隔断。透明玻璃、磨砂玻璃、雕花玻璃，因其对光线与视线无阻碍，又能突出空间的完整性，让空间不再狭隘，各个房间不再有严格的界线，装饰简单、实用、造价低廉，因而可在小户型居室中采用。由于小户型的家一般面积相对较小，在不影响使用功能的基础上，可以利用相互渗透的空间来增加客厅的层次感和装饰效果。另外，也可以在居室中采用隔屏、滑轨拉门、纱帘或采用可移动家具来取代原有的密闭隔断墙，或者利用不同风格的家具以示空间的区分。把墙变"活"，使整体空间有通透感。

 小户型如何营造家居动感？

越是面积小的户型，越要强调空间的动感，否则会流于单调乏味。"动"起来的一方面是要做出层次感，可以用色彩来制造，比如在墙的颜色上做文章，深浅搭配，这样能给人带来视觉上的差异感。另外，还可以尝试做局部吊顶，这样不仅可以隐藏线路，还可制造出高低不等的视觉感；"动"的另一方面是空间要有灵动之感。玻璃是"法宝"之一，巧妙地利用玻璃，不仅能弥补采光上的不足，还可以让空间富于变化。同样，用纱幔、百叶等做软隔断也会让小屋内充满灵动之气。

 一居室的设计要点是什么？

①因人而异。同样面积的一套小住宅，因居住人口的多少，设计的重点会有所区别。如果是单身贵族，功能设计要有一定弹性，设计时要满足不同的需要。例如，可以设计一道将客厅分隔成一间独立客卧的隔断，接纳父母、朋友前来小住等。如果是新婚的二人世界，居室一定要布置得和谐、温馨，风格统一，才能为新婚生活提供一个良好的环境。

②满足多种功能。一居室的面积不大，但仍要满足多功能，除去基本的就餐、洗浴、就寝和会客外，在寸土寸金的面积中，适时增加读书、休闲等功能，力求"麻雀虽小，五脏俱全"的效果。

 两室一厅的设计要点是什么？

两室一厅是当前比较普及的一种房型，居住对象为二人世界或三口之家共同生活的家庭，居住年限较一室一厅要长一些。在功能上会有聚餐等社交要求，所以装修时应注意厅内就餐功能的设置。两室一厅的装修一般要求在可能的情况下尽量增加储藏面积，而对风格化的要求比较弱，所以还是要以实用、经济为主要原则。

 如何将两室两厅的格局改成三室一厅的格局？

①在"厅"上做文章。通常要考虑客厅与餐厅的位置、面积、朝向以及改造后的动线布置是否合理等因素，然后完整或者部分地将客厅或者餐厅改成一个卧室即可。改造的过程中，有一个原则需要注意：千万不要动承重墙，否则会影响到整个大楼的使用安全。

②客厅较大的设计方法。可以将客厅的一半和阳台密封起来做一个房间，留一半空间还可以继续当客厅。

③餐厅位置比较理想。如果餐厅不是在进门处，可以直接将餐厅封成一个房间，这是最简单的一种办法。用餐要么就在客厅中解决，要么就在厨房中腾挪一个地方。

④打卧室的主意。比如将次卧和餐厅各隔出一部分来，增加一个房间；或者把客厅和最

里面的卧室连接的墙打掉一半，然后将卧室的门向里挪一点，这种向卧室借空间的改造方法也不错。

 三室一厅的设计要点是什么？

三室一厅具有较充裕的居住面积，在布置上可以按较理想的功能划分居室空间，即起居室、休息区、学习工作区，各自相互独立，不再彼此干扰。布局方式和色彩、形式也较为自由，家庭成员可以按自己的喜好布置各自的房间，对起居室可结合全家人的心意共同设计。至于居室的具体安排应结合实际的居住人数来考虑。

 三室两厅的设计要点是什么？

三室两厅在布置时，应主要注意布置其两个厅，可根据需要将厅布置成餐厅和会客厅，两个厅的风格可各按主人的个人喜好来布置，风格应统一。至于三个居室的布置应考虑到具体的人口构成，在适当的基础上，可再布置具有书房或工作室之类功能的居室。若在主人的大卧室内布置书房，应有灵活分隔，以免影响休息。

 复式住宅和跃层住宅的设计要点是什么？

由于拥有齐全的功能，因此分区要明确，应按照主客、动静、干湿之分的原则进行功能分区，以满足休息、娱乐、就餐、读书、会客等各种需要，同时还可以考虑到外来客人与保姆等需要。功能分区必须明确合理，避免造成相互干扰，一般下层设起居、炊事、进餐、娱乐、洗浴等功能区，上层设休息、睡眠、读书、储存等区域。

 别墅的设计要点是什么？

序号	概述
1	功能性区分很强，起居空间与睡眠区的区分、主人房与客人房的区分等
2	装修要利用房子的特点，特别是楼梯、中空等比较突出的特点，同时还要考虑空间的层次、功能的区分等
3	内部装修与外部环境的协调，园林规划与房子风格的协调等都要考虑充分
4	结合业主的职业文化背景、性格、生活习惯以及房子的特点，考虑房子的"个性"，也就是说，别墅装修要个性化，不应该拘泥于欧式、中式、现代等风格，可以有自己的风格

风格设计篇

 家装风格该怎样确定？

①了解每种风格的基本知识。一般装修风格分为自然风格、简约风格、复古风格、混搭风格。这些是主要的大方向，其中还分出了许多其他风格，如地中海风格、东南亚风格等。

②学会色彩搭配。对比找出自己喜欢的颜色，通过颜色来判断房子的风格走向，是偏向清新、自然，还是厚重、复杂。另外，可以通过颜色的冷暖、明暗来确定是温馨、浪漫，还是活泼、轻快。

③学会选择材料。每种风格都有一些专属的特色材料，如现代风格可以用金属材料；地中海风格中，马赛克绝对是其代表材料；田园风格中，藤、木则能很好地体现风格。

④确定空间中细节上的饰品。统一风格就一定不要令室内显得杂乱无章，因此在选择饰品的时候，要做到迎合整体空间的风格。

 现代风格的设计要点是什么？

现代风格家居把功能置于首位，以平面构成、色彩构成、立体构成为基础进行设计；追求时尚与潮流，非常注重居室空间的布局与使用功能的完美结合，以及对空间色彩和形体变化的挖掘，崇尚合理的构成工艺，尊重材料的性能，讲究材料自身的质地和色彩的配置效果。由于现代风格的空间注重建材本身的质感，常常保留墙面水泥的原貌，或是原始梁柱的架构，但不免让人觉得简单冰冷。想改变其实也很简单，只要选择自己喜欢的色调，再挑一些自己喜爱的颜色的家具或是家饰，甚至是灯饰，就可以调整气氛。冷调或暖调都可以，业主根据自己的喜好作调整。

 后现代风格的设计要点是什么？

简单来说，后现代家居就是集实用化、个性化、艺术化和品位化于一身的家具设计风格。后现代家居风格更为年轻与灵动，可以与现代、传统家居风格混搭，将家打造得更为时尚，在稳重与前卫间不断游走，相互掩映成趣。

后现代风格设计的表现手法	
1	用传统建筑元件通过新的手法加以组合
2	将传统建筑元件与新的建筑元件相混合，最终求得设计语言的双重解码，多用夸张、变形、断裂、折射、叠加等手法，既为行家所欣赏，又为大众所喜爱

备注："后现代"风格的居室里的家具大都选用好材质并结合现代家具的直线型与古典的个性化反叛，如直角沙发、靠椅、矮桌、方桌和方几深得明式家具的端庄神韵，又不失现代家具简约时尚的风格

 简约风格设计的精髓是什么？

①清除掉家中不需要的杂物。先清除掉家中杂物，再利用设计巧妙、人性化的家具将小东西收拾好，让家里看起来清爽、不杂乱。

②用流行色来装点空间。突出流行趋势，选择浅色系的家具，使用白色、灰色、蓝色、棕色等自然色彩，结合自然主义的主题，设计灵活的多功能家居空间，这是简约风格的精髓。

③家具的选择。最简单的方法就是不要和家里主色调出现色彩冲突。再进一步，就可考虑按自己的性格选择家具风格。真正影响家居氛围的是家具、陈设和艺术装饰品，墙面、地面及吊顶只是为其提供一个表现的背景。摆放几件造型、色调都不复杂的家具，放上一两件喜爱的装饰品，自然简洁、富有时代气息的简约风格家居就完成了。

 简约风格的家居空间最好用什么样的线条来体现？

线条是空间风格的架构，简洁的直线条最能表现出简约风格的特点。要塑造简约空间风格，一定要先将空间线条重新整理，整合空间中的垂直线条，讲求对称与平衡；不做无用的装饰，呈现出利落的线条，让视觉不受阻碍地在空间中延伸。

 混搭风格设计的关键点是什么？

混搭风格糅合东西方美学精华元素，将古今文化内涵完美地结合于一体，充分利用空间形式与材料，创造出个性化的家居环境。混搭并不是简单地把各种风格的元素放在一起做加法，而是把它们有主有次地组合在一起。混搭得是否成功，关键看是否和谐。中西元素的混搭是主流，其次还有现代与传统的混搭。在同一个空间里，不管是"传统与现代"，还是"中西合璧"，都要以一种风格为主，并通过局部的设计增添空间的层次。

混搭之初最关键的工作就是要确定一个主要的基调或抓住一个主题，只有找到了主线、确定了风格才好下手。

527 中式古典风格的设计要点是什么？

中式古典风格是以宫廷建筑为代表的中国古典建筑的室内装饰设计艺术风格。布局设计严格遵循均衡对称原则，家具的选用与摆放是其中最主要的内容。传统家具多选用名贵硬木精制而成，一般分为明式家具和清式家具两大类。中式风格的墙面装饰可简可繁，华丽的木雕制品及书法绘画作品均能展现传统文化的人文内涵，是墙饰的首选；通常使用对称的隔扇或月亮门状的透雕隔断分隔功能空间；陶瓷、灯具等饰品一般成对使用并对称放置。

528 新中式风格的设计要点是什么？

新中式风格是作为传统中式家居风格的现代生活理念，通过提取传统家居的精华元素和生活符号进行合理的搭配、布局，在整体的家居设计中既有中式家居的传统韵味又更多地符合了现代人居住的生活特点。新中式风格不是纯粹的元素堆砌，而是通过对传统文化的认识，将现代元素和传统元素结合在一起，以现代人的审美需求来打造富有传统韵味的事物，让传统艺术的脉络传承下去。

529 欧式古典风格的设计要点是什么？

欧洲古典风格在经历了古希腊、古罗马的洗礼之后，形成了以柱式、拱券、山花、雕塑为主要构件的石构造装饰风格。空间上追求连续性，追求形体的变化和层次感。室内外色彩鲜艳，光影变化丰富；室内多用带有图案的壁纸、地毯、窗帘、床罩及帐幔以及古典式装饰画或物件；为体现华丽的风格，家具、门、窗多漆成白色，家具、画框的线条部位饰以金线、金边。欧式古典风格追求华丽、高雅，典雅中透着高贵，深沉里显露豪华，具有很强的文化韵味和历史内涵。

530 简欧风格的设计要点是什么？

简欧风格在保持现代气息的基础上，变换各种形态，选择适宜的材料，再配以适宜的颜色，极力让厚重的欧式家居体现一种别样奢华的"简约风格"。在新欧式风格中不再追求表面的奢华和美感，而是更多地解决人们生活的实际问题。在色彩上多选用浅色调，以区分古典欧式因浓郁的色彩而带来的庄重感；而线条简化的复古家具也是用以区分古典欧式风格的最佳元素。

 欧式风格装修除了豪华外还有什么特点？

欧式的居室有的不只是豪华大气，更多的是惬意和浪漫。通过完美的曲线，精益求精的细节处理，带给家人不尽的舒服触感，实际上和谐是欧式风格的最高境界。同时，欧式装饰风格最适用于大面积房子，若空间太小，不但无法展现其风格气势，反而对生活在其间的人造成一种压迫感。当然，还要具有一定的美学素养，才能善用欧式风格，否则只会弄巧成拙。

 法式田园风格的设计要点是什么？

法式田园风格比较注重营造空间的流畅感和系列化，很注重色彩和元素的搭配。古董、蓝色、黄色、植物以及自然饰品是法式田园的装饰，而条纹布艺、花边则是最能体现法式田园风格的细节元素。法式田园风格家具的尺寸一般来讲也比较纤巧，而且家具非常讲究曲线和弧度，极其注重脚部、纹饰等细节的精致设计。材料则以樱桃木和榆木居多。很多家具还会采用手绘装饰和洗白处理，尽显艺术感和怀旧情调。

 英式田园风格的设计要点是什么？

英式田园风格大约形成于17世纪末，主要是由于人们看腻了奢华风，转而向往清新的乡野风格。其中最重要的变化就是家具开始使用本土的胡桃木，外形质朴素雅。英式田园风格的家具特点主要在于华美的布艺以及纯手工的制作，布面花色秀丽，多以纷繁的花卉图案为主。碎花、条纹、苏格兰图案是英式田园风格家具的永恒的主调。

 美式乡村风格的设计要点是什么？

美式乡村风格在室内环境中力求表现悠闲、舒畅、自然的乡村生活情趣，也常运用天然木、石材等材质质朴的纹理。美式乡村风格注重家庭成员间的相互交流，注重私密空间与开放空间的相互区分，重视家具和日常用品的实用和坚固。美式乡村风格摒弃了烦琐和豪华，并将不同风格中优秀元素汇集融合，以舒适为向导，强调"回归自然"。家具颜色多仿旧漆，式样厚重；设计中多有地中海样式的拱门。

535 北欧风格的设计要点是什么？

北欧风格以简洁著称于世，并影响到后来的"极简主义""后现代"等风格。常用的装饰材料主要有木材、石材、玻璃和铁艺等，都无一例外地保留了这些材质的原始质感。在家庭装修方面，室内的顶、墙、地六个面，完全不用纹样和图案装饰，只用线条、色块来区分点缀。同时，北欧风格的家居，以浅淡的色彩、洁净的清爽感，让居家空间得以彻底降温。

536 地中海风格的设计要点是什么？

地中海家居风格顾名思义，泛指在地中海周围国家所具有的风格，这种风格代表的是一种特有居住环境造就的极休闲的生活方式。其装修设计的精髓是捕捉光线、取材天然的巧妙之处。主要的颜色来源是白色、蓝色、黄色、绿色等，这些都是来自于大自然最纯朴的元素。地中海风格在造型方面，一般选择流畅的线条，圆弧形就是很好的选择，它可以放在家居空间的每一个角落，一个圆弧形的拱门，一扇流线形的门窗，都是地中海家装中的重要元素。

537 东南亚风格的设计要点是什么？

东南亚风格是一种结合东南亚民族岛屿特色及精致文化品位的设计，就像个调色盘，把奢华和颓废、绚烂和低调等情绪调成一种沉醉色，让人无法自拔。这种风格广泛地运用木材和其他的天然原材料，如藤条、竹子、石材等，局部采用一些金属色壁纸、丝绸质感的布料来进行装饰。在配饰上，那些别具一格的东南亚元素，如佛像、莲花等，都能使居室散发出淡淡的温馨与悠悠禅韵。

538 日式风格的设计要点是什么？

日式设计风格直接受日本和式建筑影响，讲究空间的流动与分隔，流动则为一室，分隔则分几个功能空间，空间中总能让人静静地思考，禅意无穷。传统的日式家居将自然界的材质大量运用于居室的装修、装饰中，不推崇豪华奢侈、金碧辉煌，以淡雅节制、深邃禅意为境界，重视实际功能。日式风格特别能与大自然融为一体，借用外在自然景色，为室内带来无限生机，选用材料上也特别注重自然质感，以便与大自然亲切交流，其乐融融。

空间设计篇

 539 客厅的功能分区有哪些？

类别	内容
会客区	一般以组合沙发为主。组合沙发轻便、灵活，体积小，扶手少，能围成圈，又可充分利用墙角空间放置。会客时无论是正面还是侧面相互交谈，都有一种亲切、自然的感觉
视听区	电视与音乐已经成为人们生活的重要组成部分，因此视听空间成为客厅的一个重点。现代化的电视和音响系统提供了多种式样和色彩，使得视听空间可以随意组合并与周围环境成为整体
学习区	也叫休闲区，应比较安静，可处于客厅某一隅，区域不必太大，营造舒适感很重要。并与周围环境成为整体

 540 客厅的面积较大，该如何设计？

设计大面积客厅时要注意空间的合理分隔。一般有以下两种划分办法	
硬性划分	主要是指通过隔断等设置，使每个功能性空间相对封闭，并使会客区、视听区等从大空间中独立出来。但这种划分往往会减少客厅的使用面积
软性划分	是目前大客厅比较常见的空间划分方法，常用材料之间、家具之间、灯光之间等的"暗示"来区分功能空间

 541 挑空过高的客厅如何设计才会让人觉得舒适？

客厅挑空过高，在装修设计时应该解决视觉的舒适感受，具体做法是，采用体积大、样式隆重的灯具弥补高处空旷的感觉。在合适的位置圈出石膏线，或者用窗帘将客厅垂直分成两层，令空间敞阔豪华而不空旷。

542 一体式餐厅—客厅该怎样设计？

可以把餐厅安排在客厅与厨房之间，这样设计可以缩短膳食供应和就座进餐的交通流线。餐厅和客厅之间的分隔可采用灵活的处理方式，可用家具、屏风、植物等做隔断，或只做一些材质和颜色上的处理，总体要注意餐厅与客厅的协调统一。

 543 一体式餐厅—厨房该怎样设计？

这种布局能让上菜快捷方便，能充分利用空间。需要注意的是，一个原则是烹调不能破坏进餐的气氛，就餐也不能使烹调变得不方便。因此，两者之间需要有合适的隔断，或者控制好两者的空间距离。另外，餐厅应设有集中照明灯具。

 544 独立餐厅该如何设计？

这种餐厅处在一个四壁围合的独立空间中，因此照明应集中在餐桌上方；墙壁上可适当挂些风景画、装饰画等，餐厅的位置应靠近厨房。需要注意的是，餐桌、椅、柜的摆放与布置须与餐厅的空间相结合，还要为家庭成员的活动留出合理的空间。如方形和圆形餐厅，可选用圆形或方形餐桌，居中放置；狭长的餐厅可在靠墙或靠窗的一边放一长餐桌，桌子另一侧摆上椅子，这样空间会显得大一些。

 545 卧室装修如何合理分区？

分区	内容
睡眠区	放置床、床头柜和照明设施的区域，家具要越少越好，以减少压迫感，扩大空间感，延伸视觉
梳妆区	由梳妆台构成，它的周围也不宜有太多的家具包围，要保证有良好的照明效果
休息区	放置沙发、茶几、音响等家具的地方，其中可以多放一些绿色植物，避免用太杂的颜色
阅读区	这里针对那些卧室面积比较大的房型来说的，在其中可以放置书桌、书橱等家具，它的位置应该在房间中最安静的一个角落，这样才能让人安心阅读

装修全能王——你问我答，没有不知道的家装问题

卧室如何设计才不拥挤？

卧室通常较小，要摆放的东西也比较多，所以经常会出现空间拥挤的问题。要解决这个问题，有几点要诀：一是凡是碰到天花的柜体，尽量放在与门同在的那堵墙或者站在门口往里看时看不到的地方。二是凡是在门口看得到的柜体，高度尽量不要超过2.2米。三是空间布置尽量留白，即家具之间需要留出足够的空墙壁。四是摆放的装饰品规格尽量小点。

 卧室中的飘窗该如何设计？

①飘窗变身卧榻。面积够大的飘窗，可以用垫子和靠枕打造出一个可坐可卧的舒适空间。需要注意的是应尽量使用与卧室色调相近的浅色布艺品。

②飘窗变身娱乐室。仅需在飘窗上放置两个榻榻米的圆垫子，或者加个小桌子，就可以轻松成为喝茶、下棋、聊天的好去处。

③飘窗变为收纳区。可以利用飘窗下部的空间制作成收纳柜，收纳日常生活中的零碎物品，同时飘窗上的空间也可以摆放布绒玩具等温馨的装饰品或书籍。

 儿童房设计的要点是什么？

①在细节上下功夫。儿童房一般由睡眠区、储藏区和游戏区组成。其设计应依据儿童心理和年龄的特点，根据其个性和日常活动特点布置，在细节上下功夫，为儿童创造一个温馨、舒适、富有趣味的小天地。

②安全性是首位。由于儿童生性活泼、好动，好奇心强，自我防范意识和自我保护能力都很弱，所以容易发生意外。因此，安全性便成了儿童房装修设计的首要问题。在设计时需要特别注意，如在窗户上、床上加设护栏、地面材质以柔软为主、家具要尽量避免棱角而采用圆弧形设计，避免碰撞危险，且必须坚固耐用，不易松动。

 老人房的设计要点是什么？

随着年事渐高，许多老人开始行动不便，起身、坐下、弯腰都成困难，这时，在墙壁上设置扶手成为他们的好帮手。同样，选用防水材质的扶手装置在浴缸边、坐便器与洗面盆两侧，可令行动不便的老人生活更自如。此外，坐便器上装置自动冲洗设备，可免除老人回身擦拭的麻烦，这对老人来说十分实用。另外，老人也多不能久站，因此在淋浴区沿墙设置坐椅，能节省老人体力。

婚房的设计要点是什么？

浪漫是很多新婚家庭对于卧室的要求，若想增添浪漫气氛和隐蔽感，在睡眠区饰以布幔装饰是最好的办法。可选取与房间主色和床上用品色彩相配的布料，装饰在床头、床顶或带床架大床的四周，让布料自然悬垂营造柔美的线条。

 衣帽间的空间位置该怎样选择？

面积较大的居室，主卧室与卫浴间之间可以以衣帽间相连，让衣帽间功能性得到极大释放。有宽敞卫浴间的家居，可利用其入口做一排衣柜，再相应设置大面积穿衣镜以延伸视觉，使日常生活更方便快捷。

 书房的类型有哪些？分别该怎样设计？

①无形的书房。如果居室空间不大，书房这个有形的空间往往以隐性的姿态出现在家里的每个角落，客厅、卧室、过道均可。

②半开放式书房。如果居室中不能单辟一个房间来做书房，可以选择半开放式的书房。在客厅的角落、或餐厅与厨房的转角，或卧室里靠着落地窗的墙面放置书架与书桌，自成一隅，却也与家里的其他空间和谐共处。

③独立书房。独立书房受其他房间的影响较小，学习和工作效率较高，同时也十分适合藏书。

 书房装修如何解决隔声问题？

在装修书房时要选用隔声吸声效果好的装饰材料。吊顶可采用吸声石膏板吊顶，墙壁可采用 PVC 吸声板或软包装饰布等装饰材料，地面可采用吸声效果佳的地毯，窗帘可选择较厚的材料，以阻隔窗外的噪声。

 厨房的设计步骤是什么？

序号	概述
1	设计时需要先确定煤气灶、水槽和冰箱的位置，然后再按照厨房的结构面积和业主的习惯、烹饪程序安排常用器材的位置
2	可以通过人性化的设计将厨房死角充分利用。例如，通过连接架或内置拉环的方式让边角位也可以装载物品

序号	概述
3	厨房里的插座均应在合适的位置，以方便使用
4	门口的挡水应足够高，防止发生意外漏水现象时水流进房间
5	对厨房隔墙改造时，需要考虑到防火墙或过顶梁等墙体结构的现有情况，做到"因势利导，巧妙利用"

 小厨房中的角落如何利用才不浪费？

小厨房要充分利用厨房中的死角。厨房死角是指厨房中墙角的边角位，如果通过人性化的设计将之充分利用，能达到充分利用资源的效果。一些现代化的整体厨房会通过连接架或内置拉环的方式，让边角位也可以装载物品。

 如何设计划分卫浴间的干湿空间？

干湿分区的方式有很多种，较简便且节省的做法是用不同材料处理卫浴间地面。例如，在安置浴缸、淋浴器的地方使用耐水性能好的瓷砖、马赛克等；在入口、洗脸池附近使用防水的室外地板等。如果打算安装浴缸，可采用玻璃隔断或玻璃推拉门，也可安装浴帘加以遮挡，防止水花四溅。安装淋浴房也是不错的选择。如果将淋浴房设置在卫浴间的角落处，就会让外面的区域保持干爽。

 怎样布置卫浴间最省空间？

卫浴间的布局要根据房间大小、设备状况而定。有人把卫浴间的洗漱、洗浴、洗衣、排便组合在同一空间中，这种办法比较节省空间，适合小型卫浴。还有的卫浴间较大，或者是长方形，就可以用门、帐幕、拉门等进行隔断，一般是把洗浴与排便设置于一间，把洗漱、洗衣设置在另一间，这种两小间分割法，比较实用。

 不改变卫浴间的开窗位置，还有什么办法能增强卫浴间的光线？

卫浴间通常采光不是很好，开窗位置很难改变，不妨考虑增强室内光线。例如利用磨砂玻璃、烤漆玻璃、单面玻璃等玻璃材质制作卫浴间与室内其他空间的隔断和推拉门。这样既可以节省空间，又增强了卫浴间的采光，一举两得。

空间有限，没法设玄关，但又不想放弃遮挡，怎么办？

现代都市的住宅普遍面积狭窄，若再设置传统的大型玄关，则明显会感觉空间局促，难以腾挪，所以折中的办法是用玻璃屏风来做间隔，这样既可防止外气从大门直冲入客厅，同时也可令狭窄的玄关不显得太逼仄。

 怎样扩大过道的视觉空间？

过道可以采用色块对比、光源的造型设计布局和地面铺贴的块阶设计来修饰不足之处。整体的光源设计采用在墙体内制作平行的透光源的方法，这样更能体现光的视觉空间感；色块上可沿用居室的主色调，从视觉上让整体环境更协调；地面的块阶设计拉近了空间的整体感。这样一来，空间就在心理上被扩大，整体的视觉更有回旋的空间感。

 空间有限应选择何种楼梯？

居室空间不大，选择楼梯时就可以考虑 L 形或螺旋形，材料和样式都应选择视觉轻、透、现代感强的楼梯。楼梯的踏板最好不做封闭处理，这样楼梯的下部空间还可放置冰箱、书架、储物柜等家电或家具，从而将空间充分利用起来。

 住宅大门与阳台相对，如何处理？

从实际生活上考虑，住宅大门与阳台相对，不利于家庭的隐私。每当大门敞开时，外面的人即可以一眼看到阳台，把住宅内的情况一览无余，这显然是不好的。解决方法是做一个玄关柜或隔断，阻隔在大门和阳台之间；在大门入口处放置鱼缸，或者用屏风取代；还可以做阳台窗或种植盆栽及爬藤植物，将阳台阻隔。

色彩搭配篇

 如何根据房间的朝向选择颜色？

房间朝向	内容
朝东的房间	很早就有日光，但是房间也会较早变暗，所以使用浅暖色往往是最保险的
朝南的房间	日照时间最长，使用冷色常使人感到更舒适，房间的效果也更迷人
朝西的房间	受到一天中最强烈的落日西照的影响，应考虑用深冷色，这样看上去更舒服
朝北的房间	由于没有日光的直接照射，所以在选色时应倾向于用暖色，且色度要浅

 冷色的空间，需要暖色搭配吗？

偏爱冷色家居的人，值得注意的是千万不要一冷到底。不妨把居室面积的 10% 拿来用暖色布置，这样不但能为家里增添一丝暖意，更能突出冷色的效果——因为没有冷暖的对比，实际上是达不到冷的效果的。

 很多颜色都很喜欢，怎么搭配在一起才不凌乱？

过去不常使用多种颜色或者互相冲突的颜色来搭配。事实上，只要运用合理，就能碰撞出独特的品位。颜色混搭之初最关键就是要确定空间的一个主要的基调或者抓住一个主题，只有确定了主题、风格，才好着手下一步工作；接下来就是颜色的搭配：不要盲目地搭配，混搭并不是颜色越多就越好，一般来讲，空间的主色系不能超过三种，最多不能超过四种；最后，要注意颜色渐形状、面积的关系，要有主有次，做到重点突出。

 如何利用色彩放大小户型的空间感？

室内设计颜色要想呈现放大空间的效果，最重要的就是要挑选彩度高、明亮的色系，让空间有扩大作用。白色是最基础的选择，如果想让空间放大并多些变化，也可挑选芥茉绿、亮橘色等，让空间在明亮之余更丰富；如果特别偏爱一些鲜艳的颜色，建议局部施作于主墙面，其他墙面搭配同色系浅色调，也能有层次延伸作用。

 567 房子的采光不好，颜色该如何搭配？

如果能利用色调的选择扩展采光不好房子的心理空间和视觉空间，可以取得事半功倍的效果。冷色调具有扩散和后退性，较为适合采光不好的小房子。同时室内颜色对比不能过分强烈，最保险的是墙面和地面的颜色选用淡雅的色调，家具颜色最深，顶面颜色稍浅于墙面或与墙面同色，这样可以保证空间的色彩协调性，让人有舒适宽敞的观感。

 568 客厅的配色要注意哪些要点？

客厅色调根据风格的不同而定，一般来讲，颜色最好不要超过三种，黑、白、灰除外。如果觉得三种颜色太少，则可以调节颜色的灰度和饱和度。如果还是把握不大，不妨试试这个最保险的做法——将客厅主色调设计成"非冷非暖"的中间色，家具可选用原木色、黑、白、浅灰等，然后多选几套窗帘、沙发靠垫、地毯等软性织物，并根据不同季节进行冷暖变化，如夏天采用浅蓝、浅绿，冬天用橙、红，春天尝试黄、粉等色彩，会令客厅四季如新。

 569 餐厅的配色要注意哪些要点？

餐厅的色彩一般都是随着客厅来搭配的，在大多数户型里，餐厅和客厅都是相通的。所以，在进行色彩设计时，最好能对餐厅和客厅做全盘设计。但总的来说，餐厅色彩宜以明朗轻快的色调为主，最适合的是橙色以及相同色调的近似色，有刺激食欲的功效，它们不仅能给人以温馨感，而且能提高进餐者的兴致。

 570 卧室的配色要注意哪些要点？

卧室颜色的流行趋势始终保持着这样一个原则：创造私人空间的同时表现出休闲、温馨的气氛。家具、墙面、地面三大部分的色调组成了卧室的主色调，首先是确定一个色彩主调，如果墙是以绿色系列为主调，织物就不宜选择暖色调。其次是确定好室内的主题色，卧室一般以床上用品为中心色，如床罩为素雅的中性色，那么，卧室中其他织物应尽可能用浅色调的同种色，如米黄色、咖啡色等，最好是全部织物采用同一种图案。

儿童房的色彩该如何进行搭配？

儿童房的颜色不妨大胆些、缤纷些，尽量选用他们喜欢的颜色，这样，儿童待在房间里才不会感觉到陌生和压抑。在色彩和空间搭配上最好体现明亮、轻松、愉悦的特点，不妨多点对比色。过渡色彩一般可选用白色，要避免阴暗、怪诞的色彩。

 老人房的色彩该如何进行搭配？

老人房的色调要柔和，可选用偏重于古朴、平和、沉着的室内装饰色，这与老年人的经验、阅历有关。老人房宜用温暖的色彩，整体颜色不宜太暗，因老年人视觉退化，室内光亮度应高一些。另外，老年人患白内障的较多，白内障患者往往对黄色和蓝绿色系色彩不敏感，容易把青色与黑色、黄色与白色混淆，因此，室内色彩处理时应加以注意。

 婚房的色彩该如何进行搭配？

婚房在色彩的运用上应选用具有浪漫温馨气质的色彩，如粉色、藕荷色、桃红色、浅黄色等。室内照明应适中，不宜过亮，地面可在床边局部铺纯羊毛地毯。窗帘可用外薄内厚的两层，既遮挡视线、保持室温，又不影响白天休息。窗帘、床品等织物的图案、颜色的选择要协调，再辅以带有个性特点的装饰物，使室内充满高雅浪漫的气息。

 什么样的色彩搭配适合书房？

采用高度统一的色调装点书房是一种简单而有效的设计手法，完全中性的色调可以令空间显得稳重而舒适，十分符合书房的特质。但需要注意的是，必须让这种高度统一的空间中有一些视觉上的变化，如空间的外形、选用的材质等，否则就会显得单调。

 如何利用色彩给厨房营造温暖感？

由于厨房中存在大量的金属厨具，因此墙面、地面可以采用柔和及自然的颜色。另外，可以用原木色调加上简单图案设计的橱柜来增加厨房的温馨感，尤其是浅色调的橡木纹理橱柜可以令厨房展现出清雅、脱俗的美感。

576 卫浴间的配色要注意哪些要点？

卫浴间通常都不是很大，但各种盥洗用具复杂、色彩多样，为避免视觉的疲劳和空间的拥挤感，应选择清洁、明快的色彩为主要背景色，对缺乏透明度与纯净感的色彩要敬而远之。

 577 玄关比较暗，墙面用什么颜色能提亮空间？

清淡明亮的色调能让空间显得开阔。玄关的墙面可选用中性偏暖的色系，能让人很快忘掉令人疲惫的外界环境，体味到家的温馨、家的包容。清爽的水湖蓝、温情的橙色、浪漫的粉紫色、淡雅的嫩绿色都是不错的选择。

照明设计篇

 578 如何设计光带？

光带照明是一种隐蔽照明，它将照明与建筑结构紧密地结合起来，其主要形式有两种：一是利用与墙平行的不透明装饰板遮住光源，将墙壁照亮，给护墙板、帷幔、壁饰带来戏剧性的光效果；二是使光源向上，使顶光经顶面反射下来，使顶面产生漂浮的效果，形成朦胧感，营造的气氛更为迷人。

 579 居室中的光源怎么设计才合适？

灯具用好了有时尚、温馨之感，用得不当则可能成为室内光污染的主要来源。彩色光源会让人眼花缭乱，还会干扰大脑中枢神经，使人头晕目眩、恶心呕吐、失眠等。因此，室内灯具选择时应尽量避免旋转灯、闪烁灯，以及彩色和样式过于复杂的大功率日光灯，建议选柔和的节能灯，既环保，又能把"光污染"的影响减少到最小。

 书房、厨房尽量选择冷色光源（色温大于3300K）；起居室、卧室、餐厅宜采用暖色光源（色温小于3000K）；辅助光源，如壁灯、台灯，选择时需避免其亮度与周围环境亮度相差过大。

客厅该如何做重点照明？

重点照明可以利用落地灯、壁灯、射灯等达到使用和装饰的效果。重点照明的原则是饰灯不能喧宾夺主，要和主灯相映成趣。许多桌灯的灯罩是可更换式的，可依据季节变化或客厅承担的不同用途随意变化，增添不少生活乐趣。如果喜欢，还可以把正面墙做成灯墙，用一串串小小的灯泡装点。

 餐厅该如何做局部照明？

餐厅的照明设计不同于其他空间，餐厅环境讲求的是舒适、优雅、温馨。餐厅的照明方式以局部照明为主，灯光当然不止餐桌上方这一个局部，还要有相关的辅助灯光，起到烘托就餐环境的作用。

在餐厅照明中，灯光色彩很重要。可以采用低色温的白炽灯泡、奶白灯泡或磨砂灯泡，也可以采用混合光源，即低色温灯和高色温灯结合起来使用，混合照明的效果相当接近日光。另外，餐厅照明可以采用暖色光照，因为大多数菜品是暖色系，暖色的菜品在暖色光照下不会偏离本色。

 卧室该如何进行照明设计？

卧室照明方式以间接或漫射为宜。室内用间接照明，顶面的颜色要淡，反射光的效果最好，若用小型低瓦数聚光灯照明，顶面应是深色，这样可营造浪漫、柔和、感性的氛围。

 厨房照明的要点是什么？

厨房照明以功能为主，主灯宜亮，设置于高处。同时还应配以局部照明，以方便洗涤、切配、烹饪等。而从亮度上来说，因为涉及做饭过程中的很多繁杂的工作，亮度较高对于眼睛也能起到较好的保护作用。主灯光可选择日光灯，其光量均匀、清洁，给人一种清爽的感觉。然后再按照厨房家具和灶台的安排布局，选择局部照明用的壁灯和工作面照明用的、高低可调的吊灯，并安装有工作灯的脱排油烟机，储物柜可安装柜内照明灯，使厨房内操作所涉及的工作面、备餐台、洗涤台、角落等都有足够的光线。

584 卫浴间照明的要点是什么？

卫浴间是一个使人身心松弛的地方，因此要用明亮柔和的光线均匀地照亮整个空间。许多卫浴间的自然采光不足，必须借助人工光源来解决空间的照明。一般来讲，卫浴间要采用整体照明和局部照明营造"光明"。整体灯光不必过于充足，朦胧一些，有几处强调的重点即可，因此局部光源是营造空间气氛的主角。

 585 玄关照明的要点是什么？

玄关照明要避免只依靠一个光源提供照明。因为这样会把人的注意力都集中在这盏灯上而忽略其他因素，也会给空间造成压抑感。玄关的灯光应该有层次，通过无形的灯光变化让空间富有生命力。可以应用的灯具也有很多种：荧光灯、射灯、台灯、吸顶灯、壁灯，使用嵌壁型朝天灯与巢型壁灯可让灯光上扬，使空间产生层次感。现在还有很多小型地灯，光线可以向上方射，使整个门厅都有亮度，又不至于刺眼，而且低矮处不会形成死角。

 586 楼梯照明有什么注意事项？

从楼梯所处的位置来讲，给人感觉大多较暗，所以光源的设计就变得尤为重要。主光源、次光源、艺术照明等方面都要根据实际情况而定。过暗的灯光不利于行走安全，过亮又易出现眩光，因此光线要掌握在柔和的同时达到一定的清晰照度。

 **顶面设计篇**

 587 如何利用吊顶划分不同的功能空间？

如果居室的多个不同功能空间都集中在一个大环境里，区域就很难划分，规划得不好效果就很清淡无味，如果单纯用家具划分就会使空间显得很拥挤，这时候最好的办法就是通过做错落有致的吊顶来划分两个区域。

 588 客厅吊顶的设计原则是什么？

会客厅是接待客人的场所，在现代家庭装修中，大多数人在进行客厅装修时都对顶面进行吊顶装饰，客厅吊顶装修不仅要美观大方，保持和整个居室的风格一致，还要使客厅保持宽敞明亮，避免造成压抑昏暗的效果。

 餐厅吊顶的设计原则是什么？

首先，餐厅吊顶应注重整体环境效果。顶面、墙面、地面组成室内空间，共同创造室内环境效果，设计中要注意三者的协调统一，在统一的基础上使其各具自身的特色。其次，顶面的装饰应满足适用、美观的要求。最后，餐厅顶面的装饰应保证顶面结构的合理性和安全性，不能单纯追求造型而忽视安全。

 卧室吊顶的设计原则是什么？

吊顶是卧室顶面设计的重点之一，其造型、颜色及尺度直接影响到人在卧室的舒适度。一般情况下，卧室的吊顶宜简不宜繁、宜薄不宜厚。如果做独立吊顶时，吊顶不可与床离得太近，否则人会有压抑感。

 儿童房的吊顶采用什么样的形式好？

异形吊顶本身是不规则图形的吊顶，比较适合儿童房，但一个重要前提是，儿童房有正常房高（不小于2.6米）。由于材料限制，这些图形仅限于星星、月亮等简单的卡通图案。材料应根据图案造型而定，常用材料为轻钢龙骨＋石膏板＋乳胶漆。

 玄关吊顶的设计原则是什么？

在巧妙构思下，玄关吊顶往往成为极具表现力的室内一景。它可以是自由流畅的曲线，可以是层次分明、凹凸变化的几何体；也可以是大胆露骨的木龙骨，上面悬挂点点绿意。需要把握的原则是：简洁、整体统一、有个性；要将玄关的吊顶和客厅的吊顶结合起来考虑。

 过道吊顶的设计原则是什么？

过道顶面的装修须以人体工程学、美学为依据进行。从高度上来说，不应小于2.5米，否则应尽量不做造型吊顶，而选用石膏线框装饰，或者用清淡的阴角线或平角线等都可起到装饰作用。过道空间不一定要用吊顶的手法来处理，因为过分装饰会造成视觉上的心理负担。

墙面设计篇

 怎样把主题墙和其他墙面的层次拉开？

想要把主题墙与其他墙面的层次拉开，可以利用材料和颜色的对比，比如整个面都用墙纸或整个面做一个颜色，或整个面都做某一种材质。通俗地说，就是形状上仍与别的墙一样，只是用颜色、材质来区分。

 客厅墙面该如何进行设计？

客厅墙面设计首先着眼整体，考虑整个室内的空间、光线、环境以及家具的配置、色彩的搭配等诸多因素。从色彩的心理作用来说，在狭长的客厅空间中，可以在长的两面墙上涂上冷色，给人以扩大的视觉感受。另外，客厅墙面装饰可用的材料有很多，比如壁纸、乳胶漆、玻璃、金属、石材及天然板材等。墙面的选材应结合空间大小、空间功能、情趣修养来加以考虑，如果空间狭窄，以镜面、玻璃等材料饰面，局部混搭个性饰品，可使空间获得延展。

 客厅背景墙做镂空处理，有哪些优劣势？

一般的镂空背景墙，最常见的方式为密度板造型，也可以采用其他更具现代感的材料来塑造。这种设计手法，既简洁，又可以轻易地为空间带来通透的感觉，但这样的设计对于居室的隐私性与隔声性略显不足。

 电视背景墙的造型种类有哪些？各有何特点？

种类	特点
对称式（也称均衡式）	很早就有日光，但是房间也会较早变暗，所以使用浅暖色往往是最保险的
非对称式	日照时间最长，使用冷色常使人感到更舒适，房间的效果也更迷人
复杂构成	受到一天中最强烈的落日西照的影响，应考虑用深冷色，这样看上去更舒服
简洁造型	

种类	特点
备注：一般来说，任何造型都需要实现点、线、面的结合，这样既能达到突出电视背景墙的效果，又能与整个家居环境相谐调	

 电视背景墙与客厅装修风格如何协调？

电视背景墙是为了弥补客厅里电视机背景墙面过于空旷的缺憾，同时也起到对客厅的修饰作用。因此电视背景墙的风格对整个客厅的风格来说都是一个很重要的组成部分，两者风格可以统一，也可以形成视觉上的对比，但应竭力避免让人感觉到两者结合之后很突兀。

 沙发背景墙该如何进行设计？

沙发上方的空白似乎专为烘托宾主聚会的氛围而留出的。为了能创造很好的谈话氛围，可以选择一些主人喜爱的装饰品，这样会在不知不觉中增加主客之间的话题。但不要试图用过多的材料来堆砌，否则人坐在沙发上会觉得身后感觉很压抑。

 餐厅墙面该如何进行设计？

营造餐厅墙面的气氛既要遵从美观的原则也要符合实用原则，不可盲目堆砌。例如，在墙壁上可挂一些画作、瓷盘、壁挂等装饰品，也可根据餐厅的具体情况灵活安排，以点缀环境，但需要注意的是，切不可喧宾夺主，造成杂乱无章的结果。另外，餐厅墙面的色彩设计因个人爱好与性格不同而有较大差异，但总的来讲，应以明朗轻快的色调为主。

 卧室墙面该如何进行设计？

卧室墙面设计最简单的手法就是将客厅的装修设计"移植"过来，通过营造主题背景墙或者吊顶与地面的变化，使原本平静的卧室，展现出别具一格的魅力。从颜色上来讲，卧室的色调应该以宁静、和谐为主旋律，因此卧室不宜追求过于浓烈的色彩。从墙面材料上来讲，选择的范围比较广，任何色彩、图案、冷暖色调的涂料、壁纸均可使用。但值得注意的是，面积较小的卧室，材料选择的范围相对小一些，小花、偏暖色调、浅淡的图案较为适宜。

602 玄关墙面该如何进行设计？

　　玄关的墙面最好以中性偏暖的色系为宜，能让人很快摆脱令人疲惫的外界环境，体味到家的温馨。另外，在玄关装修中，选对了合适的材料，才能起到"点睛"作用。一般设计玄关常采用的墙面有木材、夹板贴面、雕塑玻璃、喷砂彩绘玻璃、镶嵌玻璃、玻璃砖、镜屏、不锈钢、塑胶饰面材以及壁毯、壁纸等。

 603 过道墙面该如何进行设计？

　　在过道背景墙的色彩设计中，过多的色彩参与往往显得纷杂，在色彩上做减法可以减去突兀的旁色或者分散注意力的杂色。运用无彩色系、单色系或者协调色系，就能够营造出温馨而贴近生活的色调。过道墙面的装饰效果由装修材料的质感、线条图案及色彩等三方面因素构成，最常见的装饰材料有涂料和壁纸。一般来说，过道墙面可以采用与居室颜色相同的乳胶漆或壁纸。

☞　　过道背景墙并不是越漂亮越好，作为家居空间中的一面，必须与其他五个面相融合，否则在视觉上便会失衡，尤其是在面积相对紧凑的过道中更是如此。过道的空间较为狭长，其端头可以说是最容易出彩的地方，不妨在此处做一些造型或者装饰，让它成为空间的视觉焦点。

家具布置篇

 604 家具与空间大小有什么关系？

家具的大小和数量应与居室空间协调	
住房面积较大	可以选择较大的家具，数量也可适当增加一些。家具太少，容易造成室内空荡荡的感觉，且会增加人的寂寞感
住房面积较小	应选择一些精致、轻巧的家具。家具太多太大，会使人产生窒息感与压迫感。注意数量应根据居室面积而定，切忌盲目追求家具的件数与套数

如何令家具的布置具有流动美？

家具布置的流动美是通过家具的排列组合、线条连接来体现的。直线线条流动较慢，给人以庄严感。性格沉静的人，可以将家具的排列尽量整齐一致，形成直线的变化，营造典雅、沉稳的气质。曲线线条流动较快，给人以活跃感。性格活泼的人，可以将家具搭配的变化多一些，形成明显的起伏变化，营造活泼、热烈的氛围。

 客厅中常见的沙发摆放方法有哪些？

①沙发＋茶几。是最简单的布置方式，适合小面积客厅。因为家具元素比较简单，因此在家具款式的选择上，不妨多花点心思，别致、独特的造型款式能给小客厅带来变化的感觉。

②三人沙发＋茶几＋单体座椅。三人沙发加茶几的形式太规矩，可以加上一两把单体座椅，打破空间的简单格局，也能满足更多人的使用需要。

③L形摆法。L形是客厅家具常见的摆放形式，三人沙发和双人沙发组成L形，或者三人沙发加两个单人沙发等，多种组合变化，可以令客厅更丰富多彩。

④围坐式摆法。主体沙发搭配两个单体座椅或扶手沙发组合而成的围坐式摆法，能形成一种聚集、围合的感觉。适合一家人在一起看电视，或很多朋友围坐在一起高谈阔论。

⑤对坐式摆法。将两组沙发对着摆放的方式虽然不大常见，但却适合越来越多不爱看电视的家庭。而且面积大小不同的客厅，只需变化沙发的大小即可，十分方便。

 独立式餐厅中的家具如何合理布置？

独立式餐厅是比较理想的格局。餐桌、椅、柜的摆放与布置需与餐厅的空间相结合，如方形和圆形餐厅，可选用圆形或方形餐桌，居中放置；狭长的餐厅可在靠墙或窗一边放一张长餐桌，桌子另一侧摆上椅子，这样空间会显得大一些。

 开放式餐厅中的家具如何合理布置？

餐厅与厨房合并的空间形式越来越常见。这种格局上菜快速简便，能充分利用空间，较为实用。只是需要注意，不能使厨房的烹饪活动受到干扰，也不能破坏进餐的气氛。所以要尽量使厨房和餐厅有自然的隔断或使餐桌布置远离厨具，餐桌上方的照明灯具应该具有隐形的分隔作用。

卧室中的家具布置应注意哪些问题？

卧室中要少用大型单体家具，如传统的大衣柜、单门柜等单体家具。因为这类家具占地面积大、空间利用率低，而且由于高度、体量与其他家具不协调，布置在卧室中，高低错落，显得零乱。应该采用现代组合型家具，以缩小占地面积，充分利用上部空间。

 书房家具布置方式有哪几种？分别该如何布置？

类型	内容
一字形书房布置	将写字桌、书柜与墙面平行布置，这种方法使书房显得简洁素雅，形成一种宁静的学习气氛
L 形书房布置	靠墙角布置，将书柜与写字桌布置成直角，这种方法占地面积小
U 形书房布置	将书桌布置在中间，以人为中心，两侧布置书柜、书架、小柜或沙发，这种布置使用较方便，但占地面积大，只适合于面积较大的书房

 厨房家具怎样布置才合理？

对大多数家庭来说，窄小的面积是厨房最不能令人满意的地方。在有限的空间中，合理的家具尺度选择和合理的功能布局就显得非常重要。厨房的家具主要有三大类：操作台、洗涤台以及烹调台。这三个部分的合理布置是厨房家具布置成功与否的关键。应按照烹饪操作的顺序来布置，以方便操作，避免人的过多走动。

 除在布置上应考虑人体和家具的尺寸外，围绕某些设备（如冰箱、消毒柜、微波炉等）的活动范围也要认真对待。在有限的空间中，充分向上和向下发展是必然趋势，这就要求在设计和选购吊柜、低柜的过程中，充分考虑到人体机能，以免给日后的操作带来不便和麻烦。

 卫浴间家具怎样布置才合理？

卫浴间家具通过搁物板、储物柜、地柜等多个元素，将空间进行合理的划分，使洗漱、化妆、更衣等功能区别明确，还增强了卫浴间的储纳能力。浴室家具有落地式和悬挂式两种。落地式尤其适用于空间较大且干湿分离的卫浴间，而悬挂式最大的特色就是节省空间。

如何用玄关家具打造过渡区域？

如果入门处的走道狭窄，就要尽量将家具靠墙或挂墙摆放，嵌入式的更衣柜是最佳选择，脚凳和镜子可以包含储物等多重功能。此处的玄关家具应少而精，避免拥挤和凌乱。走道是走动频繁的地带，为了不影响进出两边居室，玄关家具最好不要太大，圆润的曲线造型既能给空间带来流畅感，也不会因为尖角和硬边框给主人的出入造成不便。

家居收纳篇

 常见的家居收纳方式有哪几种？

收纳方式	注意事项
集中收纳	收纳长期使用的东西，需要大面积的收纳空间，要注意通风、防潮
分散收纳	收纳使用频率高的物品，要便于拿取
展示式收纳	所收纳物品有展示功能，要注意防尘
隐藏式收纳	收纳家居中不想让客人看见的凌乱杂物，要注意通风、防潮

 家居中的物品通常分为哪几类？分别该如何收纳？

①常用类物品：应放在最容易拿到的地方，把第二天要穿的外套挂在门边的衣帽架上，把手包、鞋和雨伞都在玄关相应位置放好；厨房的垃圾箱放在水槽边；沙发边留一个收纳袋，收纳遥控器、随时翻看的报刊。对于那些常用的小物件，如果外形美观的可以直接放在台面上，其他的放在上层的抽屉里。

②应急类物品：应放在最容易找到的地方，一些修理工具、药品，虽然平时不会用到，但是到用的时候一般都是在很急切的情况下。这类物品应该放在比较容易拿到的地方，但不能占用常用物品的收纳空间，可以考虑放在最下面的收纳空间里。

③换季类物品：应放进收纳空间的最里面，对于换季物品，或者至少一两个月内不会重复使用的东西，可以统一收纳起来，放在收纳空间的最里面。

如何借用家居空间来完成收纳？

①向上开发空间。多利用立体空间——墙面、顶面、柜子上方，这些都是很好的收纳空间，并且非常实用。不妨多做一些壁柜、吊柜、壁架等来增加立面空间的使用频率。

②向下开发空间。床下、茶几下、窗台下这些空间容易积尘，不容易打扫，不妨把它们稍加利用，放上带滑轮的收纳盒，需要时拉出来，使用完毕后推回去，方便实用。

③运用角落空间。家具与墙面、家具与家具之间会有一些角落，看似不好利用，但是这里确实是不错的收纳空间。不妨在这些角落空间里放上收纳盒、三角收纳架或是简单地钉上一排挂钩，这样这些空间就能藏不少杂物。

 客厅如何利用整面墙来进行收纳？

整面墙的大容量收纳柜无疑是客厅的首选，它能把CD光盘、书籍、日常生活用品等统统收纳其中。设计时可以选择开放式、开放式和隐藏式结合、隐藏式这几种形式。需要注意的是，整面墙的柜子大多是根据墙面尺寸定制的，在房子装修初就要确定好位置和尺寸，进行轻体墙的施工。一定要将其固定在墙面上，以保证使用时的安全。

 餐厅就餐区该如何进行收纳？

餐厅的收纳，当然离不开餐柜的配合。餐柜里也能放置餐厅和部分厨房用品，减缓厨房的收纳压力。餐厅的收纳柜也可使用上柜和下柜，这种柜子的收纳空间大，中间半高柜的台面还可以摆一些日用品，或是常用的电饭锅、咖啡机、饮水机等。

 卧室如何利用睡床周围的空间进行有效收纳？

类型	内容
床下	为了解决卧室的收纳问题，一些床具的设计可以将不常用的床品、衣物等放置于床箱中；即使没有选择带储物功能的床也没有关系，一些高度适宜的储物篮筐能很好地隐藏于床下，而且取用方便
床尾	如果卧室面积够大，可充分利用床尾空间，床尾箱不仅可以摆放一些当季要更换的床品，而且一些毛毯、饮品器具、家居服等也能暂时放置一下
床铺四周	床铺边分别有化妆台、五斗柜及抽屉式矮柜，且都为尺度低的柜体，非常适合躺下睡觉时的视野水平，不至于造成精神紧张与压迫感

620 开放式书房该如何进行合理收纳？

开放式书房里阅读成为一种时尚的居家休闲活动，因此杂志一定是开放式书房里的主角。这里不需要太大的书架，一个小巧而富有设计感的书架是最合适的选择。值得注意的是，书的量不能超过全部空间的 80%，剩下的空间要用植物或者饰品来装饰。

621 狭小厨房该如何进行合理收纳？

对于比较狭小的厨房来说，窗户上的空间也可以拿来用做收纳。在窗帘杆上加一块板子，把瓶瓶罐罐摆在上面，成为一道独一无二的风景。面积有限的厨房每一方空间都应该充分利用，拐角也不例外。这时候小小的转角柜自然就"大显身手"了，既增加了厨房收纳量，又解决了两边橱柜在拐角处的断裂与空间浪费。

622 面积不大的卫浴间该如何进行收纳？

可以充分利用闲置空间作为得力的卫浴间收纳助手，如可以利用卫浴间入口处一侧的空间，分别安置洗衣机、一个开放式储物柜和推拉式的储物柜，让各种洗涤用品和浴巾、浴袍等沐浴用品各就各位，令卫浴间呈现出整洁、干净的面貌。另外，还可以充分利用洗脸池下面的空间设计一个浴室柜，放入毛巾、牙刷、牙膏及各式洗浴洗发用品，也可以用来储存卫生纸等卫生用品。安排这样的方式，能够保证卫浴空间的干湿分离。

623 家居中的鞋该如何进行收纳？

鞋的收纳在玄关收纳中占据很大一部分，而鞋柜、鞋架是把各种鞋分门别类收纳的最佳地方，看起来不仅整洁，而且很方便。鞋架、鞋柜的收纳方式可以多种多样，鞋柜内拥有比较大的储藏空间，犹如一个巨大的储藏柜，可以放点小装饰，这样不仅外形美观，而且十分实用。

624 如何利用楼梯空间进行有效收纳？

楼梯下方通常有两种利用方式，一种是摆放衣帽柜与电视机，另一种就是用来收纳。可以定制固定的整体木柜嵌在楼梯下方，只要依照楼梯的斜度与宽度做好木柜的设计就行。柜子做成格状，既能看到里面放的物品，又不会显得死板。根据楼梯台阶的高度错落，制作大小不同的抽屉式柜子，直接嵌在里面。

Chapter.6

没有不知道的配饰布置

灯饰篇

 625 灯具在居室装饰中可以起到什么作用？

灯具是居室内最具魅力的情调大师，不同的造型、色彩、材质、大小能为不同的居室营造出不同的光影效果。如今的灯具被称为灯饰，由此可以看出灯具从单一的实用性到兼具实用性和装饰性的转变。

 626 如何运用灯光调节居室中的氛围？

不同色温的灯光，能够调节居室的氛围，营造不同的感受。例如：餐厅中采用显色性好的暖色吊灯，能够更真实地反映出食物的色泽，引起食欲；卧室中的灯光宜采用中性的、令人放松的色温，加上暖调辅助，能够营造出柔和、温暖的氛围；橱卫应以功能性为主，灯具的显色性要好一些。（色温：通常人眼所见到的光线，是由七种色光的光谱叠加组成。但其中有些光线偏蓝，有些则偏红，色温就是专门用来量度和计算光线的颜色成分的方法）

 627 吊灯有哪些类型？适用于家居中的哪些场合？

吊灯常用的有欧式烛台吊灯、中式吊灯、水晶吊灯、羊皮纸吊灯、时尚吊灯、锥形罩花灯、尖扁罩花灯、束腰罩花灯、五叉圆球吊灯、玉兰罩花灯、橄榄吊灯等。用于居室的分单头吊灯和多头吊灯两种。吊灯多用于卧室、餐厅和客厅。吊灯的安装高度，其最低点应离地面不小于 2.2 米。

 628 吸顶灯有哪些类型？适用于家居中的哪些场合？

常用的有方罩吸顶灯、圆球吸顶灯、尖扁圆球吸顶灯、半圆球吸顶灯、半扁球吸顶灯、小长方罩吸顶灯等。吸顶灯安装简易，款式简洁，具有清朗明快的感觉；适合于客厅、卧室、厨房、卫浴间等处的照明。

 629 落地灯有什么作用？适用于家居中的哪些场合？

落地灯常用作局部照明，不讲究全面性，而强调移动的便利性，对于角落气氛的营造十分实用。落地灯的采光方式若是直接向下投射，适合阅读等需要精神集中的活动，若是间接照明，可以调整整体照明的光线变化。落地灯一般放在沙发拐角处，其灯光柔和，灯罩材质种类也很丰富，可根据喜好选择。落地灯的灯罩下边应离地面 1.8 米以上。

 630 壁灯有什么特点？适用于家居中的哪些场合？

壁灯是室内装饰灯具，一般多配用乳白色的玻璃灯罩，其光线淡雅和谐，可把环境点缀得优雅、富丽，尤以新婚居室特别适合。另外，也适合于卧室、卫浴间照明。

壁灯安装的位置应略高于站立时人眼的高度，其灯泡应离地面不小于 1.8 米。另外，其照明度不宜过大，这样更富有艺术感染力。可在吊灯、吸顶灯为主体照明的居室内作为辅助照明、交替使用，既节省电又可调节室内气氛。

 631 台灯有哪些类型？适用于家居中的哪些场合？

台灯属于生活电器，按材质分为陶灯、木灯、铁艺灯、铜灯等，按功能分为护眼台灯、装饰台灯、工作台灯等，按光源分为灯泡、插拔灯管、灯珠台灯等。台灯光线集中，便于工作和学习。一般客厅、卧室等用装饰台灯，工作台、学习台用节能护眼台灯。

 632 射灯有什么特点？适用于家居中的哪些场合？

射灯的光线直接照射在需要强调的家什器物上，以突出主观审美作用，达到重点突出、层次丰富、气氛浓郁、缤纷多彩的艺术效果。射灯光线柔和，雍容华贵，既可对整体照明起主导作用，又可局部采光，烘托气氛。射灯可安置在吊顶四周或家具上部，也可置于墙内、墙裙或踢脚线里。

 633 筒灯有什么特点？适用于家居中的哪些场合？

筒灯是嵌装于吊顶板内部的隐置性灯具，所有光线都向下投射，属于直接配光。可以用不同的反射器、镜片来取得不同的光线效果。装设多盏筒灯，可增加空间的柔和气氛。筒灯一般装设在卧室、客厅、卫浴间的周边吊顶上。

634 客厅装什么样的水晶灯好看？

①水晶灯的选择要与家居风格协调一致。明明是中式风格，却吊一个欧式的水晶灯，那就贻笑大方了。因为水晶灯的造型太过丰富，只需要在购买时，问一下是何种风格的，基本上都能够选择对应的水晶灯形式。

②根据空间的大小和灯的外形进行选择。20～30平方米的客厅一般选择直径在1米左右的水晶灯；对于小一些的客厅，则可以选择一些小巧的吊式水晶灯。另外，如果是有长辈的大家庭，客厅的吊灯应该雍容、华贵，如果是甜蜜的小夫妻的话，那就可以搭配精巧迷人、暖色调的多垂饰的水晶灯。

 635 什么灯具适合用在厨房？

由于中国人的饮食习惯，厨房里经常需要煎炸烹煮，油烟等自然是少不了的，所以在选择灯具的时候，宜选用不会氧化生锈或具有较好表面保护层的材料，同时要求防水防尘防油烟的灯具产品。灯罩宜用外表光洁的玻璃、塑料或金属材料，以便随时擦洗，而不宜用织、纱类织物灯罩或造型繁杂、有吊坠物的灯罩。

布艺织物篇

 636 布艺在居室装饰中可以起到什么作用？

室内常用的布艺包括窗帘、床上用品和地毯等。

①布艺是家中流动的风景。能够柔化室内空间生硬的线条，赋予居室新的感觉和色彩。同时还能够降低室内的噪声，减少回声，使人感到安静、舒心。

②布艺是营造温馨、舒适室内氛围必不可少的元素。伴随着人们生活水平的提高，单纯的功能性已满足不了人们的需求，为了丰富精神生活，布艺家具应运而生。布艺家具以优雅的造型、艳丽的色彩、美丽的图案，给居室带来明快活泼的气氛，符合人们崇尚自然，追求休闲、轻松愉快的心理，备受人们青睐。

如何根据布艺饰品的色彩、图案和质地在家居中进行搭配？

选择布艺产品，主要是对其色彩、图案、质地进行选择。在色彩和图案上，要根据家具的色彩、风格来选择，使整体居室和谐完美。在质地上，要选择与其使用功能相一致的材质，例如卧室宜选用柔和的纯棉织物，厨房则可选用易清洁的面料。

 家中布艺产品应该怎么搭配才能有层次？

室内纺织品因各自的功能特点，在客观上存在着主次的关系。通常占主导地位的是窗帘、床罩、沙发布，第二层是地毯、墙布，第三层是桌布、靠垫、壁挂等。第一层次的纺织品类是最重要的，它们决定了室内纺织品配套总的装饰格调；第二和第三层次的纺织品从属于第一层，在室内环境中起呼应、点缀和衬托的作用。正确处理好它们之间的关系，是使室内软装饰主次分明、宾主呼应的重要手段。

 狭长或狭窄的空间该如何搭配布艺饰品？

类别	内容
狭长空间	在狭长空间的两端使用醒目的图案，能吸引人的视线，让空间给人更为宜人的视觉感受。例如在狭长的一端使用装饰性强的窗帘或壁挂，或是在狭长一端的地板上铺设柔软的地毯等
狭窄空间	狭窄的空间可以选择图案丰富的靠垫，来达到增宽室内视觉效果的作用

 客厅用什么样的窗帘好？

客厅窗帘在选择时，应注意层次与装饰性，还要考虑与主人身份的协调。总体来说需要得体、大方、明亮、简洁。此外，客厅窗帘的选购，要根据不同的装饰风格，选择相应的窗帘款式、颜色和花型。

类别	内容
选择合适的质地来装饰	一般而言，薄型织物的薄棉布、尼龙绸、薄罗纱、网眼布等制作的窗帘，非常适合客厅。不仅能透过一定程度的自然光线，而且可以令白天的室内有一种隐秘感和安全感

类别	内容
根据大环境来选择	窗帘的花色要与自然大环境相协调，比如说夏季宜选用冷色调的窗帘，冬季宜选用暖色调的窗帘，春秋两季则可以用中性色调的窗帘
要与居室整体相协调	从客厅的整体协调角度上说，应该考虑窗帘与墙体、家具、地板等的色泽是否相搭配

 641 卧室的布艺产品繁多，如何搭配才协调？

①空旷卧室的布艺选择。如果卧室显得太空，可以选择布质较为柔软、蓬松的布艺产品来装饰地面和墙面，而窗户则可以选择有对比效果的材料，或在醒目的地方采用颜色鲜亮的窗帘、窗幔、床品，使其与地面和墙面形成鲜明的对比，改变卧室空旷、单调的感觉。

②卧室床品的选择。床品是卧室的主角，是软装饰中最重要的环节。床品的选择决定了卧室的基调，无论是哪种风格的卧室，床品都要注意与家具、墙面花色的统一。床品的色彩上要做到花而不乱，动中有静。

③卧室窗帘的选择。在卧室中，窗帘是一个不可忽视的重点之一。一款简单的窗帘或卷帘，除了具有遮阳遮光的功能之外，利用窗帘或半遮掩或全开等不同形式的变化，或是利用腰带、流苏等，都能起到画龙点睛的效果。

642 如何确定窗帘的花色？

花色的选择是选购窗帘的关键，是最重要的第一步。所谓"花色"，就是窗帘花的造型和配色，窗帘图案不宜过于烦琐，要考虑打褶后的效果。

类别	内容
房间较大的窗帘花色选择	选择较大花型，给人以强烈的视觉冲击力，但会使空间感觉有所缩小
房间较小的窗帘花色选择	应选择较小花型，令人感到温馨、恬静，且会使空间感觉有所扩大
新婚房的窗帘花色选择	窗帘色彩宜鲜艳、浓烈，以增加热闹、欢乐气氛
老年人的窗帘花色选择	宜用素静、平和色调，以呈现安静、和睦的氛围

续表

类别	内容
备注：窗帘色彩的选择可根据季节变换，夏天色宜淡，冬天色宜深，以便改变人们心理上的“热”与“冷”的感觉。此外，在同一房间内，最好选用同一色彩和花纹的窗帘，以保持整体美，也可防止产生杂乱之感	

643 线帘适合布置在什么地方？

线帘因装饰效果强烈，常被用于居家空间。线帘除了当窗帘、门帘，也可作为软隔断使用。像是客餐厅之间、卧房与书房间，若想划分空间但又不失穿透性，那么就可考虑使用线帘。线帘尤其适合面积有限的空间，少了实体隔间墙的厚重感，不占空间且穿透性也够，同时价格也十分划算。

644 靠枕在居室装饰中可以起到什么作用？

靠枕是卧室中必不可少的软装饰，使用方便、灵活，可随时更换图案，用途广泛，可用在床上、沙发、地毯或者直接用来作为坐垫使用。另外，靠枕能够活跃和调节卧室的气氛，装饰效果突出，通过色彩、质地、面料与周围环境的对比，使室内的艺术效果更加丰富。

645 地毯在居室装饰中可以起到什么作用？

地毯是以棉、麻、毛、丝、草等天然纤维或化学合成纤维为原料，经手工或机械工艺进行编结、栽绒或纺织而成的地面铺敷物，也是世界范围内具有悠久历史传统的工艺美术品之一。

地毯在中国已有两千多年的历史。最初，地毯用来铺地御寒，随着工艺的发展，成为了高级装饰品，它能够隔热、防潮，具有较高的舒适感，同时兼具美观的观赏效果。

646 什么样的房间不宜铺地毯？

序号	概述
1	由于地毯的防潮性较差，清洁较难，所以卫浴间、厨房、餐厅不宜铺地毯
2	地毯容易积聚尘埃，并由此产生静电，容易对电脑造成损坏，因此书房也不太适宜铺设
3	潮湿的卧室铺地毯，极易受潮发霉，滋生螨虫，不利于人体健康
4	幼儿、哮喘病人及过敏性体质者的房间及家庭也不宜铺地毯

装饰画篇

 家居装饰中装饰画选择的原则是什么？

居室内最好选择同种风格的装饰画，也可以偶尔使用一两幅风格截然不同的装饰画做点缀，但不可眼花缭乱。另外，如装饰画特别显眼，同时风格十分明显，具有强烈的视觉冲击力，最好按其风格来搭配家具、靠垫等。

 家居装饰中装饰画搭配的原则是什么？

①宁少勿多。应该坚持宁少勿多，宁缺毋滥的原则，在一个空间环境里形成一两个视觉点就够了，留下足够的空间来启发想象。在一个视觉空间里，如果同时要安排几幅画，必须考虑它们之间的整体性，要求画面是同一艺术风格，画框是同一款式，或者相同的外框尺寸，使人们在视觉上不会感到散乱。

②适当留白。选择装饰画的时候首先要考虑悬挂墙面的空间大小。如果墙面有足够的空间，自然可以挂置一幅面积较大的画来装饰；当空间比较局促的时候，就不应当选用大的装饰画，而应当考虑面积较小的画，这样不会有压迫感，同时留出一定的空间。

 怎样根据家居空间来确定装饰画的尺寸？

装饰画的尺寸宜根据房间的特征和主体家具的尺寸选择。例如，客厅的画高度以50～80厘米为佳，长度不宜小于主体家具的2/3，比较小的空间，可以选择高度25厘米左右的装饰画，如果空间高度在3米以上，最好选择大幅的画，以凸显效果。另外，画幅的大小和房间面积有一定的比例关系，这一关系决定了这幅画在视觉上舒服与否。一般情况下稍大的房间，单幅画的尺寸以60厘米×80厘米左右为宜。通常以站立时人的视点平行线略低一些作为画框底部的基准，沙发后面的画则要挂得更低一些。可以反复比试最后决定最佳注视距离，原则是不能让人视觉上产生疲劳感。

 还要注意装饰画的整体形状和墙面搭配，一般来说，狭长的墙面适合挂放狭长、多幅组合或者小幅的画，方形的墙面适合挂放横幅、方形或是小幅画。

如何根据墙面来挑选装饰画？

现在市场上所说的长度和宽度多是画本身的长宽，并不包括画框在内，因此，在买装饰画前一定要测量好挂画墙面的长度和宽度。特别要注意装饰画的整体形状和墙面搭配，一般来说，狭长的墙面适合挂放狭长、多幅组合或者小幅的画，方形的墙面适合挂放横幅、方形或是小幅画。

 如何根据居室采光来挑选装饰画？

类别	内容
光线不理想的房间	尽量不要选用黑白色系的装饰画或国画，这样会使空间显得更为阴暗
光线强烈的房间	不要选用暖色调色彩明亮的装饰画，否则会让空间失去视觉焦点

备注：家居装饰中可以令一个小聚光灯直接照射挂画，既能营造出精彩的墙面空间装饰效果，又能突出家居整体的美感

 装饰画的悬挂方式有哪些？

①对称式：这种布置方式最为保守，不容易出错，是最简单的墙面装饰手法。将两幅装饰画左右或上下对称悬挂，便可以达到装饰效果。而这种由两幅装饰画组成的装饰更适合面积较小的区域。需要注意的是，这种对称挂法适用于同一系列内容的图画。

②重复式：面积相对较大的墙面则可以采用重复挂法。将三幅造型、尺寸相同的装饰画平行悬挂，成为墙面装饰。需要注意的是，三幅装饰画的图案包括边框应尽量简约，浅色或是无框的款式更为适合。图画太过复杂或边框过于夸张的款式均不适合这种挂法，容易显得累赘。

③水平线式：喜好摄影和旅游的人喜欢在家里布置照片为主体的墙面，来展示自己多年来的旅行足迹，如果将若干张照片镶在完全一样的相框中悬挂在墙面上难免过于死板。可以将相框更换成尺寸不同、造型各异的款式，但是无序地排列这些照片看起来会感觉十分凌乱，可以以画框的上缘或者下缘为一条水平线进行排列，在这条线的上方或者下方组合大量画作。对于喜欢新鲜感的人来说，反复拆装相框后留下的挂钩印只会让墙面变得伤痕累累，影响美观，可以在墙面安装一个隔板，这样就能够随意添加、改变和重新布置。

④方框线式：在墙面上悬挂多幅装饰画还可以采用方框线挂法。这种挂法组合出的装饰墙看起来更加整齐。首先需要根据墙面的情况，在脑中勾勒出一个方框形，以此为界，在方

框中填入画框，可以放四幅、八幅甚至更多幅装饰画。悬挂时要确保画框都放入了构想中的方框形中，于是尺寸各异的图画便形成一个规则的方形，这样装饰墙看起来既整洁又漂亮。

⑤**建筑结构线式**：如果房间的层高较高，可以沿着门框和柜子的走势悬挂装饰画，这样在装饰房间的同时，还可以柔和建筑空间中的硬线条。例如以门和家具作为设计的参考线，悬挂画框或贴上装饰贴纸。而在楼梯间，则可以楼梯坡度为参考线悬挂一组组装饰画，将此处变成艺术走廊。

 偏中式的家居装修中该选择什么样的装饰画？

偏中式装修风格的房间宜搭配中国风的画作，除了正式的中国画，传统的写意山水、花鸟鱼虫等主题的水彩、水粉画也很合适。也可以选择用特殊材料制作的画，如花泥画、剪纸画、木刻画和绳结画等，这些装饰画多数带有强烈的传统民俗色彩，和中式装修风格十分契合。

 偏欧式的家居装修中该选择什么样的装饰画？

偏欧式装修风格的房间适合搭配油画作品，纯欧式装修风格适合西方古典油画，别墅等高档住宅可以考虑选择一些肖像油画，简欧式装修风格的房间可以选择一些印象派油画，田园装修风格则可配花卉题材的油画。

 偏现代的家居装修中该选择什么样的装饰画？

偏现代的装修适合搭配一些印象派、抽象风格油画，后现代等前卫时尚的装修风格则特别适合搭配一些具现代抽象题材的装饰画，也可选用个性十足的装饰画，如抽象化了的个人形象海报。

 美式乡村风格的家居中可以选择什么样的装饰画？

在美式乡村家居中，多会选择一些大幅的自然风光的油画来装点墙面。其色彩的明暗对比可以产生空间感，适合美式乡村家居追求阔达空间的需求。

 如果房间屋顶过高，能用艺术画进行弥补，并营造出装饰设计的特色吗？

可以将一组同主题的艺术画并排紧凑地挂出来，高度以画框顶端为基准对齐。这样的展示手法赋予了屋顶高的房间一种舒适感，也可以用同样的手法尝试齐肩的高度，从而营造另外一种装饰风格。要制作出这些木纹轮廓画像，首先需要影印或描画出选中物品的形状。以厨房用具为例，将这些图案临摹到木纹式样的自黏内衬上，剪下贴纸，贴到合适的画框底板上。

 658 餐厅适合放置什么样的装饰画？

餐厅墙面上或橱柜上挂装饰画，最常见的题材是水果。几个成熟的蜜橘配以田园题材的油画使餐厅显得生活气息十足。当然，喜欢现代风格的话可以选择线条抽象的水彩画来做装饰。那些较传统的中式餐厅则可以选择风格清新的写意画。

 659 卧室床头适合挂什么样的装饰画？

卧室床头的装饰画色调以素雅、干净为宜，但不要过于单一，可以和卧室色彩相搭配；画作内容可以选择简洁的抽象画，也可以根据居室风格选择相协调的油画等。此外，卧室中的装饰画不宜过多，一幅或者2、3幅组合装饰画，即可起到画龙点睛的作用。

不宜挂太大的画：床头挂画为卧室增添些许小情调，但要以轻便、小巧为好。如果挂装饰框很大的画，就会存在一定的安全隐患。

不宜挂黑色调或颜色过深的画：颜色过深的画，容易给人造成沉重、压抑的感觉，严重的还会使人意志消沉、缺乏朝气；更更严重的还会令人晚上不能安睡或失眠。

不宜挂落日西沉画（如夕阳图）："夕阳无限好"，这样的意境很美，但是下句"只是近黄昏"的寓意则令人不快。

 660 儿童房要怎样摆放装饰画？

儿童房的家具大多小巧可爱，如果画太大，就会破坏童真的趣味。让孩子自己选择几幅可爱的小画，再由他们顽皮随意地摆放，这样会比井井有条来得更过瘾、更有趣。

书房适合挂什么字画？

①挂画原则：书房挂画不但要追求赏心悦目，还要有所寓意，能够体现出个人的喜好、修养、品德等。

②挂画类型：一般除非鹤立独行的人外，书房多是选花草植物、风景等静态的装饰画，或者是一些书法作品、诗词等。

③挂画位置：书房最好能在文昌位（根据房间的朝向不同，位置也不同）挂画，因文昌位也称"聪明位"，主功名利禄，在此挂画有助于自己的事业和学业。

常见几种挂画的寓意	
竹报平安图	竹子有君子之风，意寓谦虚的美德，因"竹"又与"祝"谐音，也用来作老年人健康的象征
红梅傲雪图	梅花历来被人们当作崇高品格和高洁气质的象征
天道酬勤（书法）	努力总会有回报，寓意机遇往往只垂青孜孜以求的勤勉者
宁静致远（书法）	淡泊名利、远离世俗，于闹市中修生养性，象征自己思想境界高

 如何设计出一个既个性又耐人寻味的相片展示区？

相框的颜色不一致是杂乱的主要原因，将所有相框统一粉刷成白色或者其他中性色调，这样尽管形状不同，但整体色调是一致的。然后把照片扫描并黑白打印出来，只留一张彩色照片作为闪亮焦点。把相片陈列在墙面的相片壁架上，靠墙而立，并且随时更换新的照片作品。分层次展示的时候可以在每层选择一个彩色相片作为主角，用其他的黑白照片来陪衬。

 什么样的人群适合运用装饰墙贴来装点家居环境？

墙贴非常适合忙碌而追求品位精致生活的人，快节奏的生活一切讲究快捷简便，一个已雕刻好的漂亮图案只需把它贴在需要装饰的位置就行，比起请装修队来设计制作成本较高的装饰墙来说，方便又实用。

工艺品篇

664 为什么工艺品在居室装饰中要讲究摆放方式？

工艺品想要达到良好的装饰效果，其陈列以及摆放方式都是尤为重要的，既要与整个室内装修的风格相协调，又要能够鲜明体现设计主题。不同类别的工艺品在摆放陈列时，要特别注意将其摆放在适宜的位置，而且不宜过多、过滥，只有摆放得当、恰到好处，才能拥有良好的装饰效果。

665 工艺品在家居装饰中的摆放原则是什么？

①要注意尺度和比例。随意地填充和堆砌，会产生没有条理、没有秩序的感觉；布置有序的艺术品会有一种节奏感，就像音乐的旋律和节奏给人以享受一样，要注意大小、高低、疏密、色彩的搭配。

②要注意艺术效果。组合柜中，可有意放个画盘，以打破矩形格子单调感；在平直方整的茶几上，可放一精美花瓶，丰富整体形象。

③注意质地对比。大理石板上放绒制小动物玩具，竹帘上装饰一件国画作品，更能突出工艺品地位。

④注意工艺品与整个环境的色彩关系。小工艺品不如艳丽些，大工艺品要注意与环境色调的协调。具体摆设时，色彩鲜艳的宜放在深色家具上；美丽的卵石、古雅的钱币，可装在浅盆里，置于低矮处，便于观全貌。

666 工艺品适合摆放在家居中的什么位置？

一些较大型的反映设计主题的工艺品，应放在较为突出的视觉中心的位置，以起到鲜明的装饰效果，使居室装饰锦上添花。如在起居室主要墙面上悬挂主题性的装饰物，常用的有兽骨、兽头、刀剑、老枪、绘画、条幅、古典服装或个人喜爱的收藏等。

在一些不引人注意的地方，也可放些工艺品，从而丰富居室表情。如书架上除了书之外，陈列一些小的装饰品，如小雕塑、花瓶等饰物，看起来既严肃又活泼。在书桌、案头也可摆放一些小艺术品，增加生活气息。但切忌过多，到处摆放的效果将适得其反。

没有经验，想在家摆些工艺品，应该从何下手？

小型工艺饰品是最容易上手的布置单品，在开始进行空间装饰的时候，可以先从此着手进行布置，增强自己对家饰的感觉，再慢慢扩散到体积较大或者不易挪动的饰品。小的家居饰品往往会成为视觉的焦点，更能体现主人的兴趣和爱好，例如彩色陶艺和干花等可以随意摆放的小饰品。

 工艺品在家中的摆放比例多少才适合？

从人和空间的关系来讲，人少空间大，对人体健康有利。现在家庭成员大都是 2～3 人，房子空间是固定的，家饰的布置要随着功能家具的布置而动。例如，对卧室而言，一张舒适的睡床，一个或两个卧室柜即可，而对于家饰而言，只要在柜子上摆放一两个精致的装饰品即可，就连墙上挂的画也最多不要超过两幅，最好是精品。

 厨房适合摆放什么样的饰品？

厨房空间比较小，作配饰设计时可以选择同样色系的饰品进行搭配。对厨房的墙壁稍修饰一番，整个厨房的感觉就可能大为改观。而厨房墙壁的处理可以采用悬挂艺术化或装饰性的盘子、碟子，或其他精致的壁上艺术，这种处理可以真正增加厨房里的宜人氛围。

 潮湿的卫浴间适合摆放什么样的工艺品？

塑料是卫浴间里最受欢迎的材料，色彩艳丽且不容易受到潮湿空气的影响，清洁方便。使用同一色系的塑料器皿包括纸巾盒、肥皂盒、废物盒，还有一个装杂物的小托盘，会让空间更有整体感。在不同风格的卫浴间搭配不同的色彩，也是一种流行。另外，铁艺毛巾架造型多样，使单一的墙面变得很有生机，而且采用了圆环、弯钩、横档等多种设计，可以满足不同的喜好。

 铁艺装饰品的特点是什么？在家居空间中起到什么作用？

铁艺装饰品是家居中常用的装饰元素，无论是铁艺烛台，还是铁艺花器等，都可以成为家居中独特的美学产物。铁艺在不动声色中，被现代的工艺变换成了圆形、椭圆形、直线或曲线，变成了艺术的另一种延伸和另一种表现力。只要运用得当，铁艺与其他配饰巧妙地搭配，便能为居室带来一种让人无法抗拒的和谐气氛。

类别	内容
铁艺与藤	一个理性、另一个感性，在对比中产生和谐，形成轻快、明朗的感觉，在沉稳中不失活泼
铁艺与实木	铁的质地冰冷清凉，实木又是最自然原始的家具素材，两者的组合带给人简洁质朴的感觉，自然又简单
铁艺与皮革	铁与皮质相结合的铁艺饰品带来浓浓的欧洲时尚气息，展现出简洁圆润的空间设计感，在皮料极具质感的衬托下，冷酷而理性的金属特性表现得淋漓尽致
铁艺与布艺	铁艺与布艺的巧妙结合，会制造出令人意想不到的效果。柔软的布艺与刚硬铁艺的巧妙结合，布的柔和能够软化金属铁的硬朗，从而让居室中更添一丝生活气息
铁艺与玻璃	铁艺因其色泽多为黑色和古铜色，难免给人以沉重感，而玻璃的单纯和透明可以与之形成一定的对比反差。家居装饰玻璃与铁艺搭配，在室内装饰中起到了极佳的点缀效果，它的优美的弧线起到了与众不同的效果。区别于室内的直线造型，平添了室内的情趣，营造出温馨活泼的气氛
铁艺与塑料	冷酷坚硬的铁与温暖柔韧的塑料结合，让人拥有悠闲放松的假日体验，而明亮的金属搭配色泽明亮的塑料，更能给时尚生活增添几分亮丽鲜艳的色彩

 陶艺饰品在家居中的搭配原则是什么？

　　陶艺饰品的摆放原则是宜精不宜多，要与整体家居环境相和谐，既要考虑到空间的大小、风格，也要考虑到家具式样、颜色。一般情况下，面积较小的房间，放上一个大陶雕，会有喧宾夺主的感觉。另外，组合陶艺适合比较宽敞的居室。选择一些造型各异、大小不同的陶艺品组合摆放，装点面积较大的客厅、餐厅、卧室或书房，能让空间呈现出高雅的氛围。但要注意的是，陶艺品之间的色彩、形状一定要搭配得当。

 玻璃饰品在家居中的搭配原则是什么？

　　玻璃饰品通透、多彩、纯净、莹润，颇受人们的喜爱。在厚重的家具体量中，轻盈的玻璃饰品可以起到反衬和活跃气氛的效果；在华贵的装饰中用玻璃制品，可以突出静谧高贵的气质；在鲜艳热闹的场合里用描金的彩绘玻璃品，可以合奏出欢快的气氛。

675 工艺蜡烛在居室装饰中可以起到什么作用？

工艺蜡烛搭配精美的烛台，能够烘托出浪漫的氛围。蜡烛的形状多样，搭配比较讲究。烛台是点睛之笔，按材质可分为玻璃烛台、铝制烛台、陶瓷烛台、不锈钢烛台、铁艺烛台、铜制烛台、锡制烛台和木制烛台。多用在餐厅、卫浴间或厨房，以烘托气氛。

花卉绿植篇

676 什么是装饰花艺？如何在家居中运用？

装饰花艺是指将剪切下来的植物的枝、叶、花、果作为素材，经过一定的技术（修剪、整枝、弯曲等）和艺术（构思、造型、配色等）加工，重新配置成一件精致完美、富有诗情画意，能再现大自然美和生活美的花卉艺术品。花艺设计不仅仅是单纯的各种花卉组合，而是一种传神、形色兼备，以情动人、融生活艺术为一体的艺术创作活动。

 花艺设计包含了雕塑、绘画等造型艺术的所有基本特征，因此，花艺设计中的质感变化，是影响整个花艺设计的重要元素，一致的质感能够创造出协调、舒适的效果。想要通过质感的对比塑造出装饰设计中的亮点，需要充分地了解自然，毕竟花艺的基础是来自于大自然中的花草。

677 东方插花与西方插花有什么不同？

① **东方式插花：** 是以中国和日本为代表的插花，与西方插花的追求几何造型不同。东方的花艺花枝少，着重表现自然姿态美，多采用浅、淡色彩，以优雅见长。造型多运用青枝、绿叶来勾线、衬托。形式上追求线条、构图的变化，以简洁清新为主，讲求浑然天成的视觉效果。用色朴素大方，一般只用2～3种花色，色彩上多用对比色，特别是花色与容器的对比，同时也采用协调色。

② **西方插花：** 又称欧式插花，总体注重花材外形，追求块面和群体的艺术魅力，色彩艳丽浓厚，花材种类多，用量大，追求繁盛的视觉效果，布置形式多为几何形式，一般以草本花卉为主。形式上注重几何构图，讲求浮沉型的造型，常见半球形、椭圆形、金字塔形和扇面形等。色彩浓厚、浓艳，创造出热烈的气氛，表现出热情奔放、雍容华贵、端庄大方的风格，具有富贵豪华的气氛，且对比强烈。

Chapter 6 没有不知道的配饰布置

223

678 中式插花与日式插花各有什么特点？

类别	内容
中式插花	在风格上，强调自然的抒情，优美朴实的表现，淡雅明秀的色彩，简洁的造型。在中国花艺设计中把最长的那枝称作"使枝"。以"使枝"为参照，基本的花型可分为直立型、倾斜型、平出型、平铺型和倒挂型
日式插花	日本的花艺依照不同的插花理念发展出相当多的插花流派，如松圆流、日新流、小原流、嵯峨流等，这些流派各自拥有一片天地，并有着与西洋花艺完全不同的插花风格

 679 插花的色彩怎样根据环境的色彩来配置？

①**插花色彩根据室内环境来配置。**如在白底蓝纹的花瓶里，插入粉红色的二乔玉兰花，摆设在传统形式的红木家具上，古色古香，民族气氛浓郁。在环境色较深的情况下，插花色彩以选择淡雅为宜；环境色简洁明亮的，插花色彩可以用得浓郁鲜艳一些。

②**插花色彩还要根据季节变化来运用。**春天里百花盛开，此时插花宜选择色彩鲜艳的材料，给人以轻松活泼、生机盎然的感受。夏天，可以选用一些冷色调的花，给人以清凉之感。到了秋天，满目红彤彤的果实，遍野金灿灿的稻谷，此时插花可选用红、黄等明艳的花作主景，与黄金季节相吻合，给人留下兴旺的遐想。冬天，伴随着寒风与冰霜，这时插花应该以暖色调为主，插上色彩浓郁的花卉，给人以迎风破雪的勃勃生机之感。

 680 花卉与花卉之间的色彩关系该怎样进行调配？

①**配合在一起的颜色能够协调。**两者之间可以用多种颜色来搭配，也可以用单种颜色，要求配合在一起的颜色能够协调。例如，用腊梅花与象牙红两种花材合插，一个满枝金黄，另一个鲜红如血，色彩协调，以红花为主，黄花为辅，远远望去红花如火如荼，黄花星光点点，通过花枝向外辐射。插花中青枝绿叶起着很重要的辅助作用。枝叶有各种形态，又有各种色彩，如运用得体能收到良好的效果。如选用展着绿叶的水杉枝，勾勒出插花造型的轮廓，再插入几支粉红色的萱兰或深红色的月季，颜色并不华丽却显得素雅大方。

②**应注意色彩的重量感和体量感。**色彩的重量感主要取决于明度，明度高者显得轻，明度低者显得重。正确运用色彩的重量感，可使色彩关系平衡和稳定。例如在插花的上部用轻色，下部用重色，或者是体积小的花体用重色，体积大的花体用轻色。

③**色彩的体量感与明度和色相有关。**明度越高，膨胀感越强；明度越低，收缩感越强。

暖色具有膨胀感，冷色则有收缩感。在插花色彩设计中，可以利用色彩的这一性质，在造型过大的部分适当采用收缩色，过小的部分适当采用膨胀色。

 花卉与容器的色彩该怎样进行调配？

两者之间要求协调，但并不要求一致，主要从两个方面进行配合：一是采用对比色组合；二是采用调和色组合。对比配色有明度对比、色相对比、冷暖对比等。运用调和色来处理花与器皿的关系，能使人产生轻松、舒适感。方法是采用色相相同而深浅不同的颜色处理花与器的色彩关系，也可采用同类色和近似色。

 如何利用干花来装点家居环境？

除了插在花瓶里，还可以把干花花瓣随意地摆放在大小各异的碟子里，带来满室花香。同时还可以做成花环、花棒、花饰等。可以毫不夸张地讲，鲜花所能达到的艺术造型，干花都可以代替完成，甚至创造出更为奇特的效果。

 居室环境中，植物占多大的比例合适？

一般来说居室内绿化面积最多不得超过居室面积的10%，这样室内才有一种扩大感，否则会使人觉得压抑。一般来讲，植物的高度不宜超过2.3米。

 不同朝向的居室，植物的选择也要不一样吗？

居室的朝向不同，在选择植物种植上也应有所不同	
朝南居室	如果居室南窗每天能接受5小时以上的光照，那么下列花卉能生长良好、开花繁茂：君子兰、百子莲、金莲花、栀子花、茶花、牵牛、天竺葵、杜鹃花、鹤望兰、茉莉、米兰、月季、郁金香、水仙、风信子、小苍兰、冬珊瑚等
朝东、朝西居室	适合仙客来、文竹、天门冬、秋海棠、吊兰、花叶芋、金边六雪、蟹爪兰、仙人棒类等植物的生长
朝北居室	适合棕竹、常春藤、龟背竹、豆瓣绿、广东万年青、蕨类等植物生长

如何根据室内空间来选择植物？

选择植物种类，要根据房间大小、采光条件及个人爱好而定，有主有次。如果室内阳光并不充足，就要充分考虑室内较弱的自然光照条件，多选择具喜阴、耐阴习性的植物。

 室内摆放植物不要太多、太乱，不留空间。在选择花卉造型时，还要考虑家具的造型，如在长沙发后侧，摆放一盆高而直的绿色植物，就可以打破沙发的僵直感，产生一种高低变化的节奏感。

 植物与空间的颜色怎么搭配才协调？

植物的色调质感也应注意和室内色调搭配。如果环境色调浓重，则植物色调应浅淡些。如南方常见的万年青，叶面绿白相间，在浓重的背景下显得非常柔和。如果环境色调淡雅，植物的选择性相对就广泛一些，叶色深绿、叶形硕大和小巧玲珑、色调柔和的都可兼用。

 中式风格的居室放些什么植物好？

中国风的装饰风格崇尚庄重和优雅，讲究对称美。色彩以红、黑、黄三种为主，浓重而成熟。宁静雅致的氛围适合摆放古人喻之为君子的高尚植物元素，如兰草、青竹等。中式观赏植物注重"观其叶，赏其形"，适宜在家里放置附土盆栽。中式装饰风格在整体上呈现出优雅、清淡的格调，要格外注意环境与植物的协调，用适宜于中式装饰风格的植物进行搭配。

 欧式风格的居室放些什么植物好？

欧式风格的居室可以多用玫瑰、月季等蔷薇科的植物作为装饰，这些植物可以增加居室的浪漫气氛，其特性也比较符合欧式家居风格的格调。

 客厅里摆放什么植物比较好？

客厅是全家人常去的地方，是亲朋好友聚会的地方，可以选择摆放一些果实类的植物或招财类的植物，代表着家中硕果累累和财运滚滚，给客厅带来热烈的气息，还可以给全家增加吉祥好运。植物高低和大小要与客厅的大小成正比，位置让人一进客厅就能看到，不可隐藏，如有脱落、发蔫、腐烂等情况，应及时更换。

客厅中适宜栽种的植物有富贵竹、蓬莱松、仙人掌、罗汉松、七叶莲、棕竹、发财树、君子兰、球兰、兰花、仙客来、柑橘、巢蕨、龙血树等，这些植物在风水学中是吉利之物，可吉祥如意，聚财发福。

690 餐厅里摆放什么植物比较好？

餐厅环境首先应考虑清洁卫生，植物也应以清洁、无异味的品种为主，摆些植物与餐桌环境相协调，吃饭时会别具情趣。

 餐厅植物可选取黄玫瑰、黄康乃馨、黄素馨等橘黄色花卉，因为橘黄色可增加食欲，促进身体健康。

691 卧室适合摆放什么植物？

卧室是供人睡觉、休息的房间，卧室的布局直接影响一个家庭的幸福、夫妻的和睦、身体健康等。好的卧室格局不仅要考虑物品的摆放、方位，整体安排以及舒适性也都是不可忽视的环节。卧室可适当摆放一些植物，增加一下空间的生机，也可净化空气。卧室植物不宜太大和太多，应选择让人感觉温馨的植物。

 卧室宜栽种的植物有仙人掌、仙人球、吊兰、玫瑰、晚香玉、并蒂莲，这些植物有使人宁静、安详、温和的效果。在卧室内栽种这些植物，可提高睡眠质量。

692 哪些植物不能放在卧室里面？

种类	概述
月季花	它所发散出的香味，会使个别人闻后突然感到胸闷不适、憋气与呼吸困难
夜来香	它在晚上能大量散发出强烈刺激嗅觉的微粒，高血压和心脏病患者容易感到头晕目眩，郁闷不适，甚至会病情加重

种类	概述
郁金香	它的花朵含有一种毒碱，如果与它接触过久，会加快毛发脱落
松柏类	这类花木所散发出来的芳香气味对人体的肠胃有刺激作用，如闻之过久，不仅会影响人们的食欲，而且会使孕妇感到心烦意乱，恶心欲吐，头晕目眩
黄花杜鹃	它的花朵散发出一种毒素，一旦误食，轻者会引起中毒，重者会引起休克，严重危害身体健康

 哪些植物适合放在儿童房里？

儿童房绿化要特别注意安全性，以小型观叶植物为主，并可根据儿童好奇心强的特点，选择一些有趣的植物，如三色堇、蒲苞花、变叶木等，再配上有一定动物造型的容器，既利于儿童思维能力的启迪，又可为环境增添欢乐的气氛。

 新婚房适合养什么植物？

种类	概述
百合	百合有"百年好合""百事合意"之意，中国人自古视其为婚礼必不可少的吉祥花卉。其中白百合象征百年好合、持久的爱，粉百合象征清纯、高雅，这两种颜色的百合都十分适合装饰婚房。但由于百合花香太浓，建议放在客厅
勿忘我	勿忘我这个花名颇为浪漫，其寓意是"请不要忘记我真诚的爱"或代表"请想念我，忠贞地希望一切都还没有晚，我会再次归来给你幸福"。在婚房中勿忘我可以选择放置在餐桌上，令家中充满浪漫的情调
玫瑰	玫瑰是用来表达爱情的通用语言。在婚房中玫瑰花通常放在卧室里，可以在花店订做一个99朵的花篮，花篮的中间最好用白色的满天星来点缀，99朵玫瑰象征新人的爱情天长地久，而满天星则象征祝福满天。从颜色上来说，红色的玫瑰烘托出热烈的氛围，而白色的玫瑰则给人浪漫的美妙感觉
情人草	情人草整个花枝远看如雾状，有一种朦胧美，特别受到当下年轻人的喜爱，其所暗含的爱情密语诉说出了情人之间无法诉说出的话语。培植一盆情人草作为两人之间的爱情象征，放置在婚房中，是一件美好的事情

老人房中适合摆放哪些植物？

老年人居室要求清静简洁，阳光充足，空气清新，以利老年人的养生保健。因此所用花卉的色调宜清新淡雅。最好选用管理简便、较耐干旱、四季常青的绿色植物。其适宜老年人消除视力疲劳、明目清心。例如，可以摆放 1～2 盆小型龟背竹、小型苏铁、五针松、罗汉松、万年青、虎尾兰等花木。这些花卉有的郁郁葱葱，有的坚挺翠绿，且终年不衰，象征老人长生不老。另外，若在桌上摆放一个玻璃容器来培养水生植物，晶莹清澈，使人随时观赏到水生绿色植物生根、发芽、开花的微妙自然景象，则愉悦之情会油然而生。

 哪些植物适合放在书房里？

摆放植物装点书房，要根据书房和家具的形状、大小来选择。如书房较狭窄，就不宜选择体积过大的品种，以免产生拥挤压抑的感觉，在适当的地方放一些小巧的植物，起到点缀装饰效果，为书房平添一份清雅祥和的气氛，学习起来比较轻松，心情好，效率自然高。

> 书房中可以选用山竹花、文竹、富贵竹、常青藤等植物，这些植物可提高人的思维反应能力，对学生或从事脑力劳动的人有助益。在书桌上，也可以放盆叶草菖蒲，它有凝神通窍、防止失眠的作用。

 植物能放在厨房吗？

首先，厨房温湿度变化较大，因此应选择一些适应性强的小型盆花，具体来说可选小杜鹃、小松树或小型龙血树、蕨类植物，放置在食物柜的上面或窗边，也可以选择小型吊盆紫露草、吊兰，悬挂在靠灶较远的墙壁上；此外还可用小红辣椒、葱、蒜等食用植物挂在墙上作装饰。需要注意的是，厨房不宜选用花粉太多的花，以免开花时花粉散入食物中。另外，由于厨房是全家空气最污浊的地方，因此需要选择一些生命力顽强、体积小，并且可以净化空气的植物，如吊兰、绿萝、仙人球、芦荟都十分不错。

 有哪些耐湿的植物适合放在卫浴间？

由于卫浴间湿气大、冷暖温差大，培植耐湿性的观赏绿色植物，可以吸纳污气，可选择蕨类植物、垂榕、黄金葛等。如果卫浴间既宽敞又明亮且有空调的话，则可以培植观叶凤梨、竹芋、蕙兰等较艳丽的植物，把卫浴间装点得如同迷你花园，让人乐在其中。

699 哪些植物适合放在玄关处？

玄关摆放植物应选择赏叶的常绿植物。另外，玄关是入宅的第一印象，所以挑选植物时，最好选择那些能保持常绿和生长茂盛的植物。其中铁树、发财树、绿萝、棕榈科植物等都是很好的美化玄关的植物。

 700 不同类型的阳台植物布置有什么不一样？

分类	概述
凸式阳台和楼顶阳台	三面通风，日照较好，适宜搭架种植枝叶茂盛的攀缘植物。顶部较阴凉，可种植吊兰、蕨类等阴生植物
靠西北面的阳台	宜种植石榴、一品红、杜鹃等阳性花木
半阴阳台	可以摆设南天竹、茶花、君子兰
凹式阳台	只有一面外露，采光和通风条件较差，可利用两侧立梯形支架，摆放盆花；也可种植蔷薇、悬菊等悬垂式植物，均能收到较好的绿化效果

 701 室内除甲醛的植物高手有哪些？

①绿萝：吸收甲醛的好手，而且具有很高的观赏价值。蔓茎自然下垂，既能净化空气，又能充分利用空间，为呆板的柜面增加活泼的线条、明快的色彩。

②鸭跖草：不仅是吸收甲醛的好手，而且是良好的室内观叶植物，可布置窗台几架，也可放于荫蔽处。同时，植株还可入药，具有清热泻火、解毒的功效，还可用于咽喉肿痛、毒蛇咬伤等的治疗。

③芦荟：天然的清道夫，可以清除空气中的有害物质。有研究表明，芦荟可以吸收1立方米空气中所含的90%的甲醛。

④龙舌兰：不仅是吸收甲醛的好手，还可用于酿酒，用其配制的龙舌兰酒非常有名。

⑤扶郎花（又名非洲菊）：这种植物不仅是吸收甲醛的好手，而且具有很强的观赏性。菊花能分解两种有害物质——存在于地毯，绝缘材料、胶合板中的甲醛和隐匿于壁纸中对肾脏有害的二甲苯。

⑥吊兰和虎尾兰：可吸收室内80%以上的有害气体，吸收甲醛的能力超强。